Spring Boot
应用设计案例教程

范 萍 丁振凡◎编著

清華大学出版社
北 京

内 容 简 介

Spring Boot 是在 Spring 的基础上实现的受大众喜爱的软件开发框架。本书内容基于 Spring Boot 最新版，注重理论与实际相结合，以“案例教学法”强化学生应用设计能力培养，案例选择兼顾实用性和趣味性。书中案例均采用 Thymeleaf 模板进行视图设计。本书具体内容包括 Spring 简介与开发工具、Spring Bean 配置与 SpEL 语言、使用 Maven 构建工程、Spring 的 AOP 编程、Spring Boot 简介与应用初步、Spring MVC 编程、自动发送邮件与任务定时、使用 JdbcTemplate 访问数据库、使用 JPA 访问数据库、使用 Mybatis 访问数据库、面向消息通信的应用编程、Spring Boot WebSocket 编程、Spring Security 应用安全编程、基于 MVC 的资源共享网站设计、Spring Boot 访问 MongoDB 数据库、Spring Boot 响应式编程等。

本书适合作为高等院校计算机类专业的教材，也可作为软件工程专业、人工智能专业、物联网专业及其他相关专业 Java 高级编程技术、Java Web 编程技术、软件框架编程技术等课程的教材，还可作为 Spring Boot 框架技术培训班的培训资料或者广大软件开发爱好者自学 Spring Boot 编程的参考书。

图书在版编目（CIP）数据

Spring Boot 应用设计案例教程 / 范萍，丁振凡编著. 一北京：清华大学出版社，2024.5
ISBN 978-7-302-66325-6

Ⅰ. ①S… Ⅱ. ①范… ②丁… Ⅲ. ①JAVA 语言—程序设计 Ⅳ. ①TP312.8

中国国家版本馆 CIP 数据核字（2024）第 106482 号

责任编辑：邓　艳
封面设计：刘　超
版式设计：文森时代
责任校对：马军令
责任印制：沈　露

出版发行：清华大学出版社
网　　址：https://www.tup.com.cn，https://www.wqxuetang.com
地　　址：北京清华大学学研大厦 A 座　　邮　　编：100084
社 总 机：010-83470000　　邮　　购：010-62786544
投稿与读者服务：010-62776969，c-service@tup.tsinghua.edu.cn
质量反馈：010-62772015，zhiliang@tup.tsinghua.edu.cn
印 装 者：三河市龙大印装有限公司
经　　销：全国新华书店
开　　本：185mm×260mm　　印　　张：13　　字　　数：316 千字
版　　次：2024 年 5 月第 1 版　　印　　次：2024 年 5 月第 1 次印刷
定　　价：59.80 元

产品编号：104994-01

前　　言

“工欲善其事，必先利其器。”为了提升软件开发效率，出现了众多的软件开发框架，Spring 框架无疑是其中优秀的代表。Spring Boot 是建立在 Spring 框架基础上的快速应用开发框架，已广泛应用于网络应用软件开发，成为一个受大众喜爱的软件开发框架。本书是我们深入理解和应用 Spring Boot 进行应用开发的基石，它涵盖了诸多核心概念、原理和技术，包括 Spring 容器的依赖注入、面向切面编程、Maven 项目构建、Spring Boot 的自动配置、Spring Boot 对数据库的访问处理技术、消息通信处理、应用安全设计、响应式编程等方面的知识。本书是作者多年从事 Java 高级编程技术教学与利用 Spring Boot 进行实际应用开发的总结，通过学习本书，可以了解 Spring 框架的构成以及工作原理，掌握使用 Spring Boot 进行应用设计的基本方法，具备较强的应用设计与开发能力。

本书层次清楚，概念准确，深入浅出，通俗易懂。书中部分案例植入了课程思政元素。全书坚持实用技术和工程实践相结合的原则，注重理论联系实际，注意引导学生思考，强化项目设计能力和实际动手能力的培养。本书不仅解释了框架的基本工作原理，也结合案例讲述了实际项目设计的思路和技巧，从而可以让读者更加自信地投入 Spring Boot 应用开发中。

本书内容紧扣 Spring Boot 最新版的知识和技术，融入了新的教学理念和教学模式，采用“案例教学法”，体现了基于能力培养的教学目标。全书包括 16 章，具体安排如下。

第 1 章的目标是认识 Spring 框架，介绍了 Spring 框架基本组成，Spring 开发工具，Spring 简单样例调试，以及文件资源访问处理。

第 2 章的目标是熟悉 Spring 容器中的 Bean，介绍了 Bean 的定义方式、Bean 依赖注入、Bean 的生命周期以及 SpEL 语言等。

第 3 章的目标是理解 Maven 工程的构建特点，介绍了 Maven 工程的相关概念。本书的 Spring Boot 项目均采用 Maven 构建方式。

第 4 章的目标是理解 AOP 的工作机理，介绍了 Spring 的 AOP 编程方法及应用举例。

第 5 章的目标是认识 Spring Boot 的特点及编程过程，介绍了 Spring Boot 的特点，Spring Boot 应用的调试以及部署，结合样例介绍了 Spring 控制器与浏览器交互的几个常用接口对象。最后简要介绍了 Servlet 过滤器的编程。

第 6 章的目标是掌握 MVC 编程方法和技巧，介绍了 Spring MVC 编程特点，包括 Spring MVC 的 RESTful 特性，注记符的使用，Thymeleaf 视图编写，结合案例讨论了 Spring MVC 实现文件上传以及下载的应用编程方法。

第 7 章的目标是了解自动发送邮件以及任务定时，介绍了利用 Spring 实现各类邮件的自动发送方法以及 Spring Boot 的任务调度支持。

第 8 章的目标是了解使用 JdbcTemplate 访问数据库，介绍了使用 JdbcTemplate 进行数据库的各类操作方法。该章还给出了网络考试系统的设计案例，该案例展示了较为复杂的数据信息的传递处理办法。

第 9 章的目标是认识 JPA 访问数据库的编程特点，介绍了使用 Spring Data JPA 访问关系数据库的方法，结合案例讲解实体关系映射设计以及 JPA 的数据访问接口的使用。

第 10 章的目标是掌握 Mybatis 和 Mybatis-plus 的编程特点，介绍了 MyBatis 和 MyBatis-plus 访问关系数据库的方法，结合答疑应用就分页显示处理进行了详细介绍。

第 11 章的目标是理解消息服务的通信编程方法，针对 ActiveMQ 和 RabbitMQ 两类消息服务代理，介绍了利用 Spring JMS 实现消息应用编程的方法，结合类似 QQ 通信的案例介绍了消息目标动态变化情形下的消息通信编程处理。

第 12 章的目标是掌握 WebSocket 通信编程方法，介绍了 Spring WebSocket 编程技术，给出了实时聊天室和在线五子棋两个案例的应用设计。

第 13 章的目标是熟悉 Spring 安全编程，介绍了 Spring 的安全访问控制，主要包括用户认证和授权保护处理。

第 14 章的目标是理解综合性应用案例设计，介绍了基于 Spring MVC 设计的资源共享网站的设计思路，讲解了 Spring Boot 与 Mybatis 以及 Spring 安全的整合设计方法。

第 15 章的目标是熟悉对 MongoDB 数据库的访问，结合案例讨论了使用 MongoTemplate 和 MongoRepository 访问 MongoDB 数据库的方法。

第 16 章的目标是理解响应式编程方法，讨论了 Spring Boot 响应式编程特点，介绍了 Mono 与 Flux 对象构建与流处理，结合案例给出了利用 WebFlux 开发响应式应用的过程。

本书讲解采用先进的教学理念和教学模式，将线上教学与课堂教学融合，优化教学效果。本书内容组织重视工程项目实践，书中融入了较为丰富的案例。每章安排有习题，为配合实验教学需要，促进学生动手能力的培养，全书安排有 6 次实验，每次实验包括基础训练和综合设计题。各章习题、实验内容以及书中的所有案例代码等学习资源均可随时扫二维码获取。

使用本书教学，建议授课学时为 32～48 学时，教学过程重视对学生的过程性学习考核。课程考核分为四个环节进行：学生上课态度（20%）、在线学习表现（20%）、实验任务完成情况（30%）和综合运用能力（30%）。学生上课态度包含学生到课情况、课堂参与积极性等；综合运用能力要求学生设计一个项目并提交作品讲解视频。由于本书侧重于学生技能的培养，不建议进行课程理论考试。

本书由范萍、丁振凡编写，范萍编写第 5～16 章，丁振凡编写第 1～4 章。本书在编写过程中力求全面、深入，不少样例中融入了党的二十大精神和课程思政元素，内容紧跟时代步伐，以科学态度对待科学，注意启发引导学生思考，培养严谨求实和勇于创新的科学态度。在案例设计中坚持系统观念，传递出万事万物是相互联系、相互依存的，样例中实体对象包括祖国山川、历史名著等，可以让读者更形象理解书中内容，同时加深对“绿水青山就是金山银山”和“绿色环保”的科学发展理念的认识。本书内容也注意宣传中华优秀传统文化，弘扬“自信自强，守正创新，踔厉奋发，勇毅前行”的精神品质，引导学生“爱国、守法、诚信”，教育学生要“团结、友善、勤俭、自强”。由于编者水平有限，书中难免存在不足之处，欢迎广大读者朋友给予批评指正。

编　者

目　　录

第 1 章　Spring 简介与开发工具

Spring 是一个轻量级的控制反转（inversion of control，IoC）和面向切面编程（aspect oriented programming，AOP）的容器框架。控制反转又称依赖注入（dependency injection，DI），可让容器管理对象，促进了松耦合，是 Spring 的精髓所在。面向切面编程可让开发者从不同关注点去组织应用，从而实现业务逻辑与系统级服务（例如审计和事务管理等）的分离。本章介绍 Spring 框架的基本构成等，让读者初步认识 Spring 容器及其应用环境的工作特点。

1.1　Spring 开发环境与工具使用

1.1.1　安装 JDK

1．下载并安装

从 Oracle 官方网站（https://www.oracle.com）下载 JDK，本书选择 jdk-21_windows-x64_bin.exe，下载后运行即可安装。

2．配置环境变量

打开“控制面板”，依次选择“系统”→“高级系统设置”，在弹出的“系统属性”对话框中单击“环境变量”按钮，在“系统变量”中添加环境变量 JAVA_HOME 的值为 JDK 安装路径的根文件夹。

1.1.2　安装 STS 开发工具

1．STS 工具的安装

Spring 应用开发环境主要有 STS（Spring Tool Suite）和 IDEA 等，本书选用 STS 作为工具。在网站 https://spring.io/tools 下载压缩包，找到 Spring Tools 4 for Eclipse 中 Windows 版本，解压缩安装包后，运行其中的 sts.exe 程序即可启动运行。为操作方便，可以将 sts.exe 创建为桌面快捷方式。

2．给 STS 添加 lombok 插件

在 Spring 应用的 Java 代码编写中，为缩短代码长度，经常使用@Data 等 lombok 注解来自动产生代码。STS 环境下默认不支持 lombok 的注解，需要安装插件。具体安装步骤如下：

（1）下载 lombok.jar 并将其放在 STS 安装目录下，这里 jar 包名字中移除版本信息。

（2）双击运行 lombok.jar，或者通过 DOS 命令行工具运行，进入 lombok.jar 所在目录，运行 java -jar lombok.jar 命令。

（3）在弹出的对话框中单击 Specify location 按钮，选择 STS 安装位置，然后单击 Instal/Update 按钮。安装成功后，重新打开 STS 即可。

1.2 Spring 简单样例调试

1.2.1 Spring 简单应用程序调试

1．建立工程

在 STS 操作界面菜单栏中选择 File→New→Project 命令，从弹出的对话框中选择 Java Project，单击 Next 按钮。在新的对话框中输入工程名称（Project Name），单击 Finish 按钮将进入工程设计界面。

2．创建 Java 类，输入程序代码

在工程的 src 目录下新建一个 chapter1 包，选中 chapter1 包并右击，在弹出的快捷菜单中选择 New→Class 命令，在弹出的对话框的 Name 文本框中输入 Status，然后单击 Finish 按钮。

【程序清单——文件名为 Status.java】

```
package chapter1;
import lombok.Data;
@Data
public class Status {
    private String description;   //状态描述
}
```

【注意】@Data 注解加在类上的作用是自动为类提供读写属性的 setter 和 getter 方法，还会提供 equals()、hashCode()和 toString()方法。

3．在 XML 文件中定义 Bean

Spring 提供了声明式方式来创建对象，这种对象为 Bean。Spring 使用一种被称为“依赖注入”的方式来管理容器中 Bean 之间的依赖关系。可以通过 XML 配置定义 Bean，并给 Bean 注入属性值。以下 XML 配置文件放在工程的 src 目录下。

【程序清单——文件名为 application-context.xml】

```
<?xml version="1.0" encoding="UTF-8"?>
<beans xmlns="http://www.springframework.org/schema/beans"
    xmlns:xsi="http://www.w3.org/2001/XMLSchema-instance"
```

```
    xsi:schemaLocation="http://www.springframework.org/schema/beans
http://www.springframework.org/schema/beans/spring-beans.xsd">
    <!-- 定义一个 Bean -->
    <bean id="good" class="chapter1.Status">
        <!-- 通过依赖注入给属性 descriptiont 赋值 -->
        <property name="description" value="自信自强，守正创新！"/>
    </bean>
</beans>
```

其中：

- id 为 Bean 的标识，在查找 Bean 时将用到。
- class 属性用来表示 Bean 对应的类的名称及包路径。
- 给 Bean 的 description 属性注入“自信自强，守正创新！”的值。

【注意】XML 配置中<bean>的子元素<property>用来设置 Bean 对象的属性，<property>元素中的 name 属性指定属性名，value 属性指定属性值。这里所引用的每个属性在相应 Java 类中应提供 setter 方法。

4．给工程添加 jar 包

Spring 应用编程中需要用到很多 jar 包，应将这些 jar 文件添加到工程的 classpath 中。选中工程，右击，从弹出的快捷菜单中选择 Properties 命令，将出现工程属性对话框。选择 Java Build Path 选项对应面板中的 Libraries 选项卡，单击 Add External JARs 按钮将弹出文件选择对话框，选取添加需要的 Spring JAR 文件（本例用到 Spring 核心模块的 jar 包，包括 core、beans、context、context.support、expression 等），特别注意将 apache 公司的 commons-logging.jar 包加入，该包用来记录程序运行时的日志。另外，由于程序中使用了@Data 注解，还要给工程类路径添加 lombok.jar 包。

5．测试程序

【程序清单——文件名为 SpringTest.java】

```
package chapter1;
import org.springframework.context.ApplicationContext;
import org.springframework.context.support.ClassPathXmlApplicationContext;
public class SpringTest {
    public static void main(String[ ] args) {
        ApplicationContext appContext = new ClassPathXmlApplicationContext(
                "application-context.xml");
        Status p = (Status) appContext.getBean("good");
        System.out.println(p.getDescription());
        /*以下输出容器中所有 Bean 的名字*/
        String beans[ ] = appContext.getBeanDefinitionNames();
        for (String str : beans) {
            System.out.println(str);
        }
    }
}
```

其中：

- ❑ ClassPathXmlApplicationContext 从类路径装载 XML 配置，初始化 Spring 的应用环境，并根据配置信息完成 Bean 的创建。
- ❑ 用 ApplicationContext 对象的 getBean()方法从 IoC 容器中获取 Bean，该方法返回的是一个 Object 类型的对象，需要强制转换为实际类型。
- ❑ 用 ApplicationContext 对象的 getBeanDefinitionNames()方法可以获取容器中所有 Bean 的名字，结果是一个字符串数组。

6. 运行程序

在 STS 调试环境下，选中 SpringTest 程序，右击，在弹出的快捷菜单中选择 Run As→Java Application 运行方式，输出结果如图 1-1 所示。

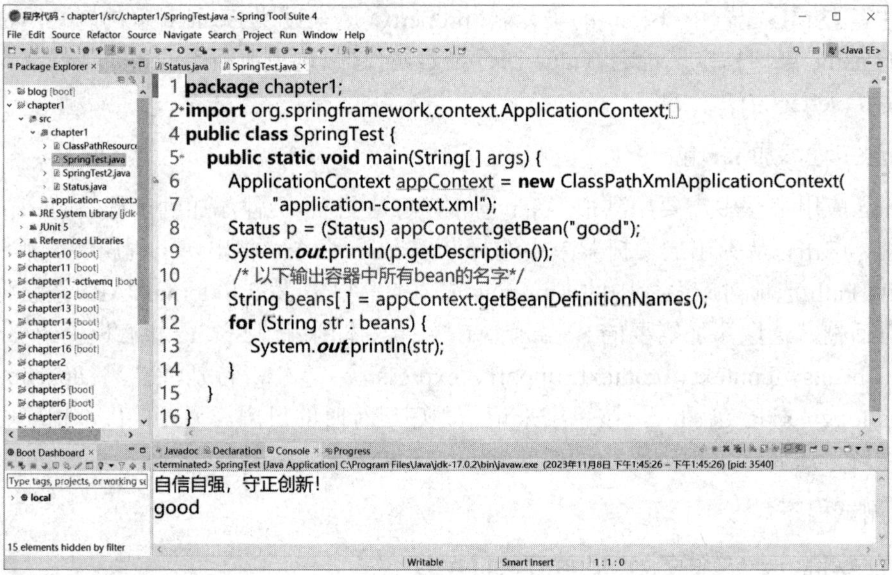

图 1-1　程序编辑调试界面

【思考】修改配置文件中注入的属性值，再运行程序，观察结果变化。

1.2.2　使用单元测试

Spring 框架的 Test 模块支持对 Spring 组件进行单元测试。使用单元测试需要将 junit.jar 包引入工程的类路径，编写一个测试类，类中定义一个带@Test 注解符的方法。程序运行时将自动执行带@Test 注解符的方法。具体运行方式是：选中 SpringTest2 类，右击，从弹出的快捷菜单中选择 Run as→JUnit Test。

【程序清单——文件名为 SpringTest2.java】

```
package chapter1;
import org.junit.Test;
public class SpingTest2 {
```

```
    @Test
    public void mytest() {
        Status m = new Status();
        m.setDescription("踔厉奋发，勇毅前行！");
        System.out.println(p.getDescription());
    }
}
```

【运行结果】

```
Status(description=踔厉奋发，勇毅前行！)
```

1.3　Spring 框架基本组成

Spring 的官方网站地址为 https://spring.io/，目前 Spring 框架最高版本为 Spring 6。Spring 框架已经不支持整个框架的压缩包的下载，而是通过 maven 依赖来管理项目需要的 jar 包。

Spring 框架是一个分层架构，由若干定义良好的模块组成。Spring 模块构建在核心容器之上，核心容器定义了创建、配置和管理 Bean 的方式，框架基本构成如图 1-2 所示。

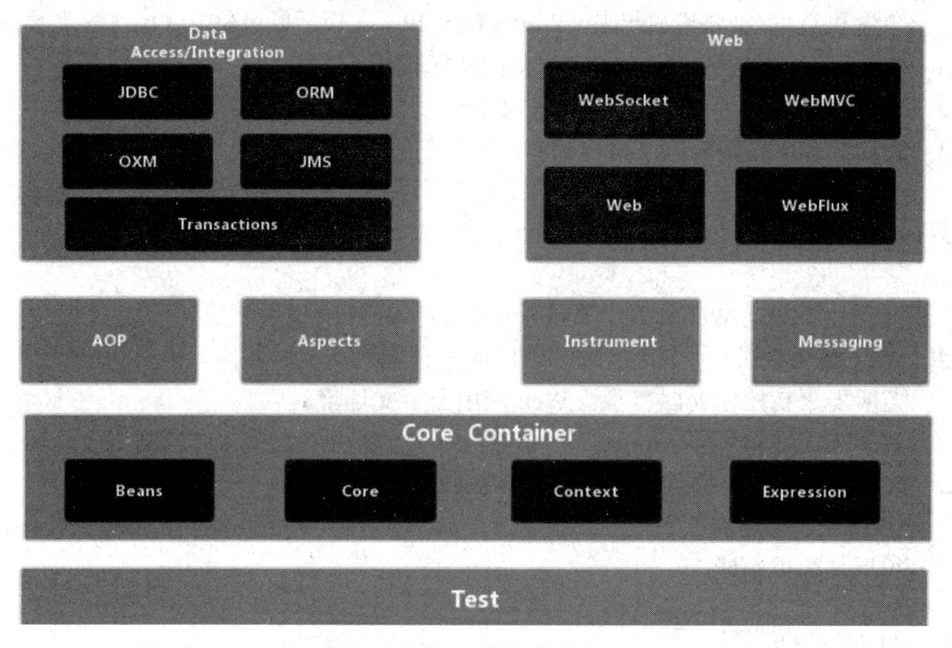

图 1-2　Spring 框架基本构成

1.3.1　核心容器部分

核心容器提供 Spring 框架的基本功能。核心容器由 Beans、Core、Context 和 Expression 四个模块组成。

- Beans 和 Core 模块提供了框架的基础功能，包括 IoC 的特性。Spring IoC 容器能够配置和装配 JavaBean。
- Context（上下文，也称应用环境）通过配置文件向 Spring 框架提供上下文信息，Context 模型建立在 Beans 和 Core 模型上，通过它可以访问被框架管理的对象。context.support 包提供对应用上下文环境的扩展访问服务，如任务调度等。
- Expression 提供了一个强大的表达式语言，该语言支持设置和访问属性值，以及通过名字从 Spring IoC 容器中获取对象等。

1.3.2 数据访问与整合部分

数据访问与整合部分包括 JDBC、ORM、OXM、JMS 和 Transaction（事务）模块。Spring 提供了一套完备优雅的 DAO（data access object）异常体系。

- JDBC 模块提供了一个 JDBC 的抽象层，Spring JDBC 抽象层集成了事务抽象和 DAO 抽象。Spring 的 JdbcTemplate 可方便通过执行 SQL 语句实现关系数据库访问处理。
- ORM 模块支持多种对象关系映射工具，如 Hibernate、JDO 等，将 O/R 映射与整个事务和 DAO 抽象集成起来，Spring Data JPA 实现了以对象方式操作各类数据库。
- OXM 模块提供了 Object/XML 映射的抽象层。
- JMS 模块提供了消息的发送和接收处理功能。
- Transaction 模块提供了编程式和声明性的事务管理。

1.3.3 Web 部分

Web 部分由 Web、WebMVC、WebSocket 和 WebFlux 模块组成。

- Web 模块提供了基础的面向 Web 的整合特性，例如文件上传功能，使用 servlet 监听器来初始化 IoC 容器及 Web 应用上下文环境。
- WebMVC 模块包含 Spring 的 MVC 应用，支持 REST 风格的 Web 服务。
- WebSocket 模块提供了服务端 WebSocket 编程支持。
- WebFlux 模块提供响应式编程支持，从而让基于异步和事件驱动的非阻塞编程变得更加简单快捷。

1.3.4 其他模块

Spring AOP 模块将面向切面的编程功能集成到了 Spring 框架中，可以对轻量级容器管理的任何对象进行方法拦截，aspects 包则提供对 AspectJ 的支持。Test 模块则支持对 Spring 应用的各类测试。

实际上，Spring 的内容体系非常丰富，读者可以访问 http://spring.io/进行全面的学习。下面对部分扩展模块进行概要介绍。其中前 3 个扩展模块在本书有所涉及，其他模块本书未涉及。

- Spring Security：安全是许多应用需要关注的切面，本书第 13 章将对其进行讨论。
- Spring Data：用于数据库的访问处理，包括关系数据和非关系数据，本书第 9 章对相关内容会有所涉及，特别是 Repository 机制，提供了数据访问方法的自动化实现。此外，本书还介绍了 MyBatis 数据库访问处理方式。
- Spring Boot：用于简化应用开发的一个项目，大量依靠自动配置技术。本书的项目主要是基于 Spring Boot 进行开发的。
- Spring Integration：用于应用的集成，通过内置的消息和流程处理实现应用间交互。
- Spring Web Flow：建立在 Spring MVC 框架之上，为基于流程的回话式应用提供支撑（如购物车设计）。
- Spring Cloud：简化了分布式微服务架构，提供了一系列工具，帮助开发人员迅速搭建分布式系统中的公共组件。
- Spring Cloud Data Flow：为基于微服务的分布式流处理和批处理数据通道提供了一系列模型，简化了专注于数据流处理的应用程序的开发和部署。

1.4　Spring 的文件资源访问处理

对文件资源的访问是应用程序中常见的功能。Spring 应用中的资源文件可能放置在工程的不同路径下，为了在 Java 代码中访问这些资源，Spring 提供了许多方便易用的资源操作工具类。以下对资源访问的典型办法分别进行介绍。

1.4.1　用 Resource 接口访问文件资源

1．资源加载

Spring 定义了一个 org.springframework.core.io.Resource 接口，并提供了若干 Resource 接口的实现类。这些实现类可以从不同途径加载资源。

- FileSystemResource：以文件系统的绝对路径或相对路径方式访问资源，示例如下。

```
Resource   res1 = new   FileSystemResource("f://data.txt");
```

- ClassPathResource：以类路径的方式访问资源，示例如下。

```
Resource   res2 =   new   ClassPathResource("file1.txt");
```

- UrlResource：以 URL 访问网络资源，示例如下。

```
Resource   res3 =   new UrlResource("http://localhost:8080/resource/x.txt");
```

- ServletContextResource：以相对于 Web 应用根目录的方式访问资源。
- InputStreamResource：从输入流对象加载资源。

- ByteArrayResource：从字节数组读取资源。

Resource 代表从不同位置以透明方式获取资源，包括从 classpath、文件系统位置、URL 描述的位置等。如果资源位置串是一个没有任何前缀的简单路径，这些资源来自何处取决于实际应用上下文的类型。

2．Resource 接口的常用方法

Resource 接口提供了获取文件名、URL 地址以及资源内容的操作方法。

- getFileName()：获取资源的文件名。
- getFile()：获取资源对应的 File 对象。
- getInputStream()：直接获取资源文件的输入流。
- exists()：判断资源文件是否存在。

【程序清单——文件名为 ClassPathResourceTest.java】

```
import org.springframework.core.io.*;
public class ClassPathResourceTest {
    public static void main(String[ ] args) throws Exception {
        Resource rs = new ClassPathResource("config.xml");
        System.out.println(rs.getFilename());
        System.out.println(rs.exists());
    }
}
```

【说明】这里，资源文件 config.xml 存放在类路径的根目录下，也就是工程环境的 src 目录下。

1.4.2　用 ApplicationContext 接口访问文件资源

图 1-3 给出了 ApplicationContext 接口的相关接口的继承层次。

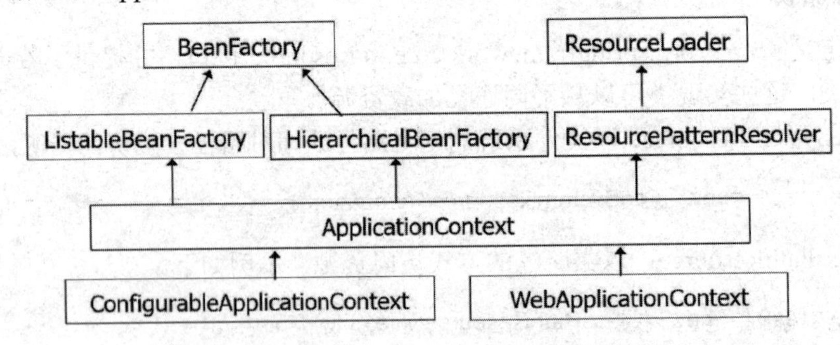

图 1-3　ApplicationContext 接口的继承关系

在继承层次中有两个标志性接口。

- ResourceLoader：资源加载器接口，其 getResource(String location)方法可获取资源，返回一个 Resource 实例。
- BeanFactory：定义了 Spring 容器对 Bean 的操作方法。

ApplicationContext 的实现类都实现 ResourceLoader 接口，因此，进行资源访问时，可调用其实例的 getResource()方法来获得资源。ApplicationContext 将根据其对象定义的资源访问策略来获取资源，从而将应用程序和具体的资源访问策略分离开来。例如：

```
ApplicationContext ctx = new ClassPathXmlApplicationContext("beans.xml");
Resource res = ctx.getResource("book.xml");
```

以上代码用 ApplicationContext 类型变量引用 ClassPathApplicationContext 类型的对象，所以，使用该对象获取资源时将会用 ClassPathResource 来加载资源，也就是在应用的类路径下查找 book.xml 文件。

当然，也可以不管上下文环境，在查找资源标识中强制加上路径前缀。例如：

```
Resource res = ctx.getResource("classpath:somepath/my.txt");
```

以下是常见的路径前缀所对应的访问策略。

- classpath:——以 ClassPathResource 实例来访问类加载路径下的资源。
- file:——以 FileSystemResource 实例来访问本地文件系统的资源。
- http:——以 UrlResource 实例来访问基于 HTTP 协议的网络资源。
- 无前缀——由 ApplicationContext 的实现类来决定访问策略。

【技巧】 采用“file:”作为前缀时还要注意后面斜杠的作用。例如：

```
new FileSystemXmlApplicationContext("file:bean.xml");        //相对路径
new FileSystemXmlApplicationContext("file:/bean.xml");       //绝对路径
```

其中，相对路径以当前工作路径为路径起点，绝对路径以文件系统路径为路径起点。如果省去“file:”前缀，则不管是否以斜杠开头，均按相对路径处理。

第 1 章课件

第 1 章习题

第 1 章代码

第 2 章 Spring Bean 配置与 SpEL 语言

Bean 是 Spring 容器中的 Java 对象，Spring 是通过描述来创建对象的，可以通过 XML 配置或者注解配置定义 Bean。Spring 通过 IoC 容器实现 Bean 的自动装配以及生命周期管理。SpEL 是 Spring 的表达式语言，在给 Bean 的属性赋值时可以通过 SpEL 进行描述。在一个实际应用系统中，Spring 容器管理着众多的 Bean，每个 Bean 就是一个工具，具体应用类中需要什么类型工具，只要给出声明，容器中如果有匹配的 Bean 就会自动提供。可以说，Spring 框架让软件设计进入“组装式开发”的高级阶段。本章重点是熟悉 Spring 中 Bean 的依赖注入方式和定义方式。

2.1 Bean 的依赖注入方式

对象之间并不是孤立的，它们之间还可能存在依赖关系。Spring 提供了依赖注入功能，由 IoC 容器来管理依赖。依赖注入是一种将组件依赖关系的创建与管理置于程序外部的技术，增加了模块的重用性和灵活性。

Spring 常用两种依赖注入方式：一种是设值注入方式，利用 Bean 的 setter 方法设置 Bean 的属性值；另一种是构造注入方式，通过给 Bean 的构造方法传递参数来实现 Bean 的属性赋值。

2.1.1 设值注入方式

设值注入方式在实际开发中应用广泛。设值注入的优点是简单、直观，其特点是相应类中要提供其属性的 setter 方法。

下面的例子定义了 Thinkable 接口，并给接口分别定义 Person 和 Robot 的两种实现类。构建 Game 对象时，可给其 Thinkable 类型的属性注入 Person 或 Robot 类型的对象。

1. 定义接口

接口用来定义某个功能规范，基于接口的编程可以有效促进应用的松耦合。

【程序清单——文件名为 Thinkable.java】

```
public interface Thinkable {
    public void thinking();   //正在思考
}
```

【说明】为节省篇幅，本书省略了 Java 源程序所在包路径，具体包路径请查看电子文档中的源代码。本章的源代码均在 chapter2 包中。

2．实现接口的类

以下分别针对人类（Person）和机器人（Robot）的 think()方法给出不同实现。

【程序清单——文件名为 Person.java】

```
@Data
public class Person implements Thinkable {
    String name;
    public void thinking() {
        System.out.print(name + "在思考...");
    }
}
```

【程序清单——文件名为 Robot.java】

```
public class Robot implements Thinkable {
    public void   thinking() {
        System.out.print("机器人在思考...");
    }
}
```

3．Game 类的定义

【程序清单——文件名为 Game.java】

```
@Data
public class Game {
    Thinkable player;                              //player 属性为 Thinkable 接口类型
    public void play() {
        player.thinking();
        System.out.println("游戏如何取胜？ ");
    }
}
```

4．通过配置文件实现属性注入

Spring 通过配置文件传递引用的类及相关属性参数，这样比写在程序里更灵活，也更具重用性。XML 配置中通过定义<bean>元素实现 bean 的构建及属性注入。

【程序清单——文件名为 myContext.xml】

```
<?xml version="1.0" encoding="UTF-8"?>
<beans xmlns="http://www.springframework.org/schema/beans"
xmlns:xsi="http://www.w3.org/2001/XMLSchema-instance"
xsi:schemaLocation="http://www.springframework.org/schema/beans
http://www.springframework.org/schema/beans/spring-beans.xsd">
<bean id="someone" class="chapter2.Person" >
    <property name="name" >
        <value>小明</value>
    </property>
```

```
</bean>
<bean  id="game" class="chapter2.Game" >
    <property name="player">
        <ref  bean="someone"/>
    </property>
</bean>
</beans>
```

【说明】

（1）Bean 的 id 属性定义 Bean 的标识，查找和引用 Bean 是通过该标识进行的。还可通过 Bean 的子元素<alias/>给 Bean 定义别名，例如：

```
<alias name="fromName" alias="toName"/>
```

（2）Bean 的 class 属性定义 Bean 对应的类的路径和名称。

（3）通过<bean>的子元素<property>实现属性值的设置，它通过调用相应属性的 setter 方法实现属性值的注入。

（4）标识为“game”的 Bean 在设置 player 属性时通过<ref/>标签引用了标识为“someone”的 Bean，也就是 player 属性值由标识为“someone”的 Bean 决定。

实际上，引用同一配置文件中的其他 Bean 也可以通过<ref>元素的 local 属性来实现，而<ref>元素的 bean 属性还可以引用不在同一配置文件中的 Bean。

5. 测试程序

以下编写一个应用程序来测试 Bean 的装载和使用。

【程序清单——文件名为 Test.java】

```
public class Test {
    public static void main(String[ ] args) {
        ApplicationContext context = new FileSystemXmlApplicationContext("myContext.xml");
        Game bean = (Game)context.getBean("game");
        bean.play();
    }
}
```

【运行结果】

小明在思考...游戏如何取胜？

【说明】

（1）程序中通过 FileSystemXmlApplicationContext 类完成应用环境的装载，从文件系统中载入.xml 文件。这里在指定文件路径时采用不加前缀的默认表示，存在两种情形：没有盘符表示使用项目工作路径，即相对项目的根目录；有盘符代表的是文件绝对路径。

（2）程序中通过 ApplicationContext 对象的 getBean()方法从容器获取 Bean，并通过其引用变量执行 Bean 的相应方法。getBean()方法常用以下几种形式。

- Object getBean(String name)：返回以给定名字注册的 Bean 实例。
- T getBean(String name, Class<T>requiredType)：返回以给定名称注册的 Bean 实

例，并转换为给定 Class 类型的对象。

- T getBean(Class<T> type)：返回给定类型的 Bean 实例。

读者可修改配置，给 Game 类的 player 属性注入一个 Robot 类型对象，观察结果变化。

2.1.2 构造注入方式

构造注入方式是通过构造方法的参数实现属性值的注入。例如：

```
public   Game (Thinkable player){
      this.player= player;
}
```

使用构造注入，需要将 Bean 的 autowire 属性设置为 constructor。

```
<bean   id="game" class="chapter2.Game"   autowire="constructor">
     <constructor-arg name="player">
          <ref bean="someone"/>
     </constructor-arg>
</bean>
```

以上借助<bean>的子元素<constructor-arg>的设置，根据构造方法的参数名称给 Bean 注入属性值。

另一种方式是根据参数的位置顺序来注入参数值。第 1 个参数的索引值是 0，第 2 个参数的索引值是 1，依此类推。例如：

```
<bean   id="game" class="chapter2.Game"   autowire="constructor">
      <constructor-arg index="0">
           <ref bean="someone"/>
      </constructor-arg>
</bean>
```

2.1.3 集合对象注入

List、Set 和 Map 是代表三种集合类型的接口。在 Spring 中，可通过一组内置的 XML 标记（如<list>、<set>、<map>）实现这些集合类型数据的注入。

1．Bean 对应类的定义

类 ManyData 中包含了 List、Map 几种类型的属性以及 setter 和 getter 方法。

【程序清单——文件名为 ManyData.java】

```
@Data
public class ManyData {
     private List<String> myList;                         //列表
     private Map<String, String> myMap;                   //Map
}
```

2．配置文件

配置文件通过以下代码实现各类集合类型属性的数据值注入。数组和列表一样，均是通过<list>标记实现属性值的注入。Map 通过<map>标记注入各个映射项。

【程序清单——文件名为 beans-config.xml】

```
<bean id="mybean" class="chapter2.ManyData">
    <property name="myList">
        <list>
            <value>Java</value>
            <value>VB</value>
        </list>
    </property>
    <property name="myMap">
        <map>
            <entry key="thank">
                <value>谢谢</value>
            </entry>
        </map>
    </property>
</bean>
```

这种注入形式代码过于冗长，本章后面将介绍更为简练的 SpEL 表达形式。

3．测试程序

【程序清单——文件名为 TestDemo.java】

```
public class TestDemo {
    public static void main(String[ ] args) {
        ApplicationContext context = new ClassPathXmlApplicationContext(
                "beans-config.xml");
        ManyData myBean = (ManyData) context.getBean("mybean");
        System.out.println(myBean.getMyList());
        System.out.println(myBean.getMyMap());
    }
}
```

【运行结果】

```
[Java, VB]
{thank=谢谢}
```

2.2　自动扫描注解定义 Bean

定义 Bean 的另一种方式是通过注解。要能识别注解定义的 Bean，需要启用自动扫描，如果采用 XML 配置，可以添加如下行开启自动扫描支持。

```
<context:component-scan base-package="chapter2" />
```

在注解配置中，可通过注解@ComponentScan 来开启自动扫描支持。

开启自动扫描后，Spring 将扫描所有 chapter2 包及其子包中的类，识别所有标记了@Component、@Controller、@Service、@Repository 等注解的类，根据注解自动创建 Bean。

前面例子中，如果采用注解定义 Bean 的方式，可做如下修改。

在 Robot 类定义中加上@Component 注解。

```
@Component
public class Robot implements Thinkable { …… }
```

【说明】 Spring 将自动根据该注解产生标识为 robot 的 Bean，Bean 的名字的特点是将类名的首字符改为小写后的符号串。

在 Game 类定义中添加@Component 注解和@Resource 注解。

```
@Component
public class   Game {
      @Resource(name= "robot")
      Thinkable   player;
      ……
}
```

其中，@Resource(name="robot")通常添加到属性定义或对应属性的 setter 方法前，用来表示 Bean 属性的引用依赖关系。这里表示 player 属性值由 robot 这个 Bean 决定。

【注意】 以注解方式定义 Bean 需要有 AOP 支持，在工程类库要添加支持 AOP 的 jar 包。

2.3 使用注解配置定义 Bean

2.3.1 使用注解@Configuration 和@Bean 定义 Bean

Spring 注解配置有两个实现类：AnnotationConfigApplicationContext 和 AnnotationConfigWebApplicationContext。AnnotationConfigWebApplicationContext 是 AnnotationConfigApplicationContext 的 Web 版本，二者用法几乎没有差别，因此以下针对 AnnotationConfigApplicationContext 进行介绍。

1．用 Java 类实现 Bean 的配置定义

在类头前面加上@Configuration 注解，以明确指出该类是 Bean 配置的信息源。Spring 要求标注@Configuration 的类必须有一个无参构造方法。采用基于注解的配置要用到 AOP，因此，要将 spring-aop-6.0.jar 加入 Build Path 类路径中。

在配置类中标注了@Bean 的方法的返回对象将识别为 Spring Bean，并注册到容器中。以下为配置样例。

【程序清单——文件名为 Config.java】

```
@Configuration
public class Config {
    @Bean
    public Person    cute() {
        Person    x = new Person();
        x.setName("小明");
        return x;
    }
}
```

【注意】通过@Bean 注解定义 Bean，默认情况下，方法名就是 Bean 的标识。

【技巧】在注解配置中，为了定义部件扫描路径，常在@Configuration 注解定义的配置类前添加@ComponentScan 注解，如@ComponentScan("chapter2")。

【说明】

（1）以上配置等价于如下 XML 配置：

```
<bean id=" cute" class="chapter2.Person">
    <property name="name"    value="小明"/>
</bean>
```

（2）采用@Bean 注解定义 Bean 时可通过如下属性设置进行配置。

- name：给 Bean 指定一个或者多个名字，示例如下。

```
@Bean(name="cute")
@Bean(name={"cute","lovely"})
```

- initMethod：容器在初始化完 Bean 之后，会调用该属性指定的方法。这等价于 XML 配置中的 init-method 属性。
- destroyMethod：在容器销毁 Bean 之前，会调用该属性指定的方法。这等价于 XML 配置中的 destroy-method 属性。
- autowire：指定 Bean 属性的自动装配策略，取值是 Autowire 类型的三个静态属性，即 Autowire.BY_NAME、Autowire.BY_TYPE 和 Autowire.NO。

2．应用基于类注解定义的 Bean 配置

AnnotationConfigApplicationContext 提供了三个构造函数用于初始化容器。

- AnnotationConfigApplicationContext()：该构造函数初始化一个空容器，容器不包含任何 Bean 信息，需要在稍后通过调用其 register()方法注册配置类，并调用 refresh()方法刷新容器。
- AnnotationConfigApplicationContext(Class... annotatedClasses)：这是最常用的构造方法，将相应配置类中的 Bean 自动注册到容器中。
- AnnotationConfigApplicationContext(String... basePackages)：该构造方法会自动扫描给定的包及其子包下的所有类，并自动识别所有的 Spring Bean，将其注册到容

器中。它不但识别标注@Configuration 的配置类并正确解析，而且能识别使用@Repository、@Service、@Controller、@Component 标注的类。

此外，AnnotationConfigApplicationContext 还提供了 scan()方法，主要用在容器初始化之后动态增加 Bean 至容器中。调用了该方法以后，通常要调用 refresh()刷新容器，以便让变更立即生效。以下为使用基于注解的配置的加载测试样例。

```
AnnotationConfigApplicationContext ctx = new AnnotationConfigApplicationContext(Config.class);
Thinkable s = (Thinkable) ctx.getBean("cute");
System.out.println(s.thinking());
```

一般项目中会根据软件的模块或者结构定义多个 XML 配置文件，然后定义一个入口的配置文件，该文件将其他的配置文件组织起来。最后只需将入口配置文件传给 ApplicationContext 的构造方法即可。

对于基于注解的配置，Spring 也提供了类似的功能，只需定义一个入口配置类，并在该类上使用@Import 注解引入其他的配置类即可，最后只需要将该入口配置类传递给 AnnotationConfigApplicationContext。以下为使用@Import 注解的示例。

```
@Configuration
@Import({BookServiceConfig.class,BookDaoConfig.class})
public class BookConfig{ … }    //入口配置类
```

2.3.2　混合使用 XML 与注解进行 Bean 的配置

早期的 Spring 应用 XML 配置比较多，现在主要采用注解方式进行配置，要兼容两种方式可以使用混合配置。

1．以 XML 为中心的配置方式

对于已经存在的大型项目，可能初期是以 XML 进行 Bean 的配置，后续逐渐加入了对注解的支持，这时只需在 XML 配置文件中声明 annotation-config 以启用针对注解@Configuration 的 Bean 配置。以下为配置设置样例。

```
<beans … >    ……
    <context:annotation-config />
    <bean class=" chapter2.Config"/>
</beans>
```

特别地，如果存在多个标注了@Configuration 的类，则需要在 XML 文件中逐一列出。

2．以注解为中心的配置方式

以注解为中心的配置方式，使用@ImportResource 注解引入 XML 配置即可。例如：

```
@Configuration
@ImportResource("classpath:/ chapter2/spring-beans.xml")
public class Config { … }
```

2.4　Bean 的生命周期

Spring 通过 IoC 容器管理 Bean 的生命周期，每个 Bean 从创建到消亡所经历的时间过程称为 Bean 的生命周期，其过程包括构造对象、属性装配、回调、初始化、就绪、销毁等几个阶段。Bean 在初始化阶段将执行 init-method 属性设置的方法，在销毁阶段将执行 destroy-method 属性设置的方法。如果 Bean 定义时实现了 InitializingBean 接口，则初始化阶段将先执行该接口中的 AfterPropertiesSet()方法，再执行 init_method 属性指定的方法。同样，如果 Bean 定义时实现了 DisposableBean 接口，则在销毁阶段先执行接口中定义的 destory()方法，再执行 destroy-method 属性指定的方法。

每个 Bean 的生命周期的长短取决于其 scope 设置。而 Bean 的属性装配则取决于装配方式的设置和依赖检查方式（dependency-check）的设置。

2.4.1　Bean 的范围（scope）

Bean 的作用域也称有效范围，在 Spring 中，Bean 的作用域是由<bean>元素的 scope 属性指定的。Spring 支持六种作用域，如表 2-1 所示。Bean 的 scope 属性默认值为 singleton，也就是说，默认情况下，对 BeanFactory 的 getBean()方法的每一次调用都返回同一个实例。

表 2-1　Bean 的作用域

作　用　域	描　　述
singleton	IoC 容器只会创建该 Bean 定义的唯一实例
prototype	IoC 容器中，同一个 Bean 对应多个对象实例
request	每次 HTTP 请求将会有各自的 Bean 实例
session	在一个 HTTP Session 中，一个 Bean 定义对应一个实例。当 HTTP Session 最终被废弃时，相应作用域内的 Bean 也会被废弃
application	Bean 在整个 Web 应用中有效
websocket	关联基于 STOMP 的 WebSocket 应用的整个 WebSocket 会话过程

除 singleton 和 prototype 外的其他三种作用域只能用在基于 Web 的应用环境中。对于 singleton 形式的 Bean，Spring 容器将管理和维护 Bean 的生命周期。而 prototype 形式的 Bean，Spring 容器则不会跟踪管理 Bean 的生命周期。

一般地，对所有有状态的 Bean 应该使用 prototype 作用域，而对无状态或状态不变化的 Bean 使用 singleton 作用域。

在注解应用配置中可以通过@Scope 注解来指定 Bean 的作用域。例如，以下注解行添加在@Bean 注解前面可指定 Bean 作用域为 prototype。

```
@Scope("prototype")
```

为验证 Bean 的作用域，不妨针对前面 Config 配置类建立应用环境，测试程序中两次执行 getBean()方法获取标识为 cute 的 Bean，可发现得到的是同一个实例。接下来将 Bean 的作用域修改为 prototype，再运行测试程序，可发现两次获取 Bean 得到的是不同实例。

2.4.2　Bean 自动装配（autowire）方式

当要在一个 Bean 中访问另一个 Bean 时，可明确定义引用来进行连接。但是，如果容器能自动进行连接，将省去手动连接的麻烦。解决办法是配置 Bean 时指定自动装配方式。由容器自动将某个 Bean 注入另一个 Bean 的属性当中。Spring 支持的自动装配方式如表 2-2 所示。

表 2-2　Spring 支持的自动装配方式

方　式	描　述
no	手动装配
byName	通过 id 的名字自动注入对象
byType	通过类型自动注入对象
constructor	根据构造方法自动注入对象
autodetect	完全交给 spring 管理，按先 constructor 后 byType 的顺序进行匹配

【说明】自动装配的优先级低于手动装配，自动装配一般应用于快速开发中，Spring 默认按类型装配（byType）。

在后面章节中常用到@Autowired 注解，将该注解添加到属性定义前，表示用自动装配给属性注入对象。例如：

```
@Autowired Thinkable player;
```

【注意】使用@Autowired 注解也有可能因容器中存在多个满足要求的 Bean 而导致没法选择的问题，这时 Spring 会在控制台报异常。为验证该情形，可针对 Person 和 Robot 创建 Bean 对象，再观察用@Autowired 给 Game 的 player 属性注入对象会出现什么情况。

2.4.3　Bean 的依赖检查

在自动绑定中，不能确定每个属性都完成了设定。为了确定某些依赖关系确实建立，可以在<bean>标签中设定 dependency-check 属性来实现依赖检查，依赖检查用于在当前 Bean 初始化之前显式地强制给一个或多个 Bean 进行初始化。依赖检查方式有以下四种。

- simple：只检查基本数据类型和字符串对象属性是否完成依赖注入。
- objects：检查对象类型的属性是否完成依赖注入。
- all：检查全部的属性是否完成依赖注入。
- none：该方式为默认情形，表示不检查依赖性。

ApplicationContext 默认在应用启动时将所有 singleton 形式 Bean 进行实例化。根据需要可设置 Bean 的 lazy-init 属性为 true 来实现初始化延迟。

2.5　SpEL

Spring 表达式语言（简称 SpEL）是一种在 Spring 的配置中广泛使用的语言，SpEL 可以独立于 Spring 容器进行表达式求解，也可用于注解参数设置以及 XML 配置。

2.5.1　SpEL 支持的表达式类型

1．基本表达式

基本表达式包括字面量表达式，关系、逻辑与算术运算表达式，字符串连接及截取表达式，三目运算及 Elivis 表达式，正则表达式等。在表达式中可使用括号，括号里的内容具有高优先级。

SpEL 支持的字面量包括字符串、数字类型（int、long、float、double）、布尔类型、null 类型。SpEL 的基本表达式运算符介绍如下（不区分大小写）。

（1）算术运算符包括加（+）、减（-）、乘（*）、除（/）、求余（%）、幂（^）。SpEL 还提供求余（MOD）和除（DIV）两个运算符，与“%”和“/”等价。

（2）关系运算符包括等于（==）、不等于（!=）、大于（>）、大于等于（>=）、小于（<）、小于等于（<=），区间（between）。SpEL 同样提供了等价的 EQ、NE、GT、GE、LT、LE 来表示等于、不等于、大于、大于等于、小于、小于等于。

between 运算符的应用举例：1 between {1, 2}。

（3）逻辑运算符包括与（&&或 and）、或（||或 or）、非（!或 not）。

（4）使用“+”进行字符串连接，使用“'String'[index]”来截取一个字符。如“'Hello World! '[0]”将返回“H”。

（5）三目运算符形式为“表达式 1?表达式 2:表达式 3”，用于构造三目运算表达式，如“2>1?true:false”将返回 true；Elivis 运算符形式为“表达式 1?:表达式 2”，是从 Groovy 语言引入的，用于简化三目运算符，当表达式 1 为非 null 时则返回表达式 1，当表达式 1 为 null 时则返回表达式 2。

2．类相关表达式

类相关表达式包括类类型表达式、类实例化、instanceof 表达式、变量定义及引用、赋值表达式、自定义函数、对象属性存取及安全导航表达式、对象方法调用、Bean 引用等。运算符 new 和 instanceof 与 Java 中使用方法一样。

使用时注意以下几点：

（1）使用 T(Type)表示某类型的类，进而访问类的静态方法及静态属性，如 T(Integer).MAX_VALUE、T(Integer).parseInt('24')。在标识类时，除了 java.lang 包中的类，必须使用全限定名。

（2）SpEL 允许通过“#variableName=value”形式给自定义变量或对象赋值。

（3）对象属性和方法调用同 Java 语法，但 SpEL 对于属性名的首字母是不区分大小写的。如“'thank'.substring(2, 4)”将返回“an”。

另外，SpEL 还引入了 Groovy 语言中的安全导航运算符“(对象|属性)?.属性”，在连接符“.”之前加上“?”是为了进行空指针处理，如果对象是 null 则计算中止，直接返回 null。

3．集合相关表达式

集合相关表达式包括内联 List、内联数组、集合以及集合投影、集合选择等。使用“{表达式, ……}”定义内联 List。如{1, 2, 3}将返回一个整型的 ArrayList，而{}将返回空的 List。内联数组和 Java 数组定义类似，在定义时可进行数组初始化。

Bean 配置中可通过 SpEL 给集合和数组注入元素，如以下语句给列表属性注入数据。

```
<property name="myList"   value="#{{'Java','VB'}}"/>
```

SpEL 对集合的访问有以下常用形式。

（1）使用“集合[索引]”访问集合元素，使用“map[key]”访问字典元素。例如：

```
<property name="choseCity"   value="#{cities[2]}"/>
```

（2）获取集合中的若干元素（也叫过滤）。

从原集合选择出满足条件的元素作为结果集合。“.?”用于求所有符合条件的元素。例如，选出人口大于 10000 的 cities 元素作为 bigCitis 的值：

```
<property name="bigCitis"   value="#{cities.?[population gt 10000]}"/>
```

（3）用“.!”选中已有集合中元素的某一个或几个属性构造新的集合（也叫投影）。新集合元素可以为原集合元素的属性，也可以为原集合某些元素的运算结果。例如：

```
<property name="cityNames"   value="#{cities.![name + ", " + state]}"/>
```

集合过滤和投影可以一起使用，如“#map.?[key != 'John'].![value+3]”将首先选择键值不等于“John”的成员构成新 Map，然后在新 Map 中进行“value+3”的投影。

2.5.2 在 Bean 配置中使用 SpEL

SpEL 的一个重要应用是在 Bean 定义时实现功能扩展。Bean 定义时注入模板默认应用“#{SpEL 表达式}”表示。

1．引用其他 Bean

例如，引用另外一个 id 为 mydata 的 Bean 作为 dataSource 属性的值。

```
<bean id="jdbcTemplate" class="org.springframework.jdbc.core.JdbcTemplate">
      <property name="dataSource"   value="#{mydata}" />
</bean>
```

其中，value="#{mydata}"等同于 ref="mydata" 。

通过 SpEL 表达式还可以引用其他 Bean 的属性和方法。例如，以下语句调用 id 为 picksong 的 Bean 的 selectSong()方法，用其返回值给 song 属性赋值。

```
<property name="song" value="#{picksong.selectSong()}"/>
```

2. 引用 Java 类

如果在 Bean 定义中要引用的对象不是 Bean，而是某个 Java 类，可使用表达式 T()来实现。例如，以下语句给 Bean 的属性注入随机数。

```
<property name="randomNumber" value="#{ T(java.lang.Math).random() * 100.0 }"/>
```

前面例子是在 XML 配置中使用 SpEL，在注解方式下，常在@Value 中使用 SpEL 表达式。下面代码读取属性文件中的 database.driverName 属性值给 driver 赋值。

```
@Value("${database.driverName}")
String driver;
```

【技巧】要区分“#”和“$”在 SpEL 中的差异。“#{…}”用于执行 SpEl 表达式，而“${…}”主要用于加载外部属性文件中的值，“#{…}”和“${…}”可以混合使用，但是必须“#{}”在外面，“${}”在里面，形式为“#{'${}'}”，注意里面要使用单引号。

第 2 章课件

第 2 章习题

第 2 章代码

第 3 章　使用 Maven 构建工程

复杂的 Java 应用软件开发往往需要借助已有的工具软件来完成。这些工具软件一般打包成 jar 包的形式。一个工程只要导入相应的 jar 包，就可以在工程中使用这些 jar 包的功能。每个 jar 包自身也在不断发展变化，通过版本来区分。如何在工程构建中管理其所依赖的 jar 包是工程构建中的重要问题，也是容易让初学者陷入困境的问题。Spring 应用开发早期使用的项目构建工具是 ant，现在主要用 Maven 或 Gradle。Spring Boot 也支持两种构建手段，本书采用 Maven 作为项目构建工具。

3.1　Maven 概览

Maven 吸收了其他构建工具和构建脚本的优点，抽象了一个完整的构建生命周期模型。Maven 把项目的构建划分为不同的生命周期（lifecycle），包括编译、测试、打包、集成测试、验证、部署。Maven 包括项目对象模型（POM）、依赖项管理模型、项目生命周期和阶段。图 3-1 给出了 Maven 操作和交互模型所涉及的主要部件。

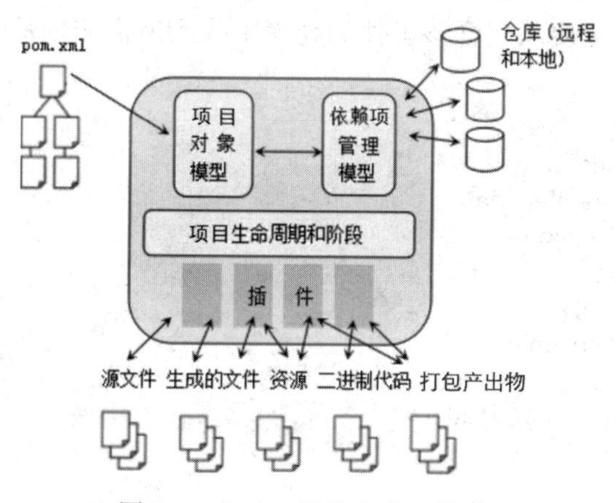

图 3-1　Maven 操作和交互模型

【说明】

（1）POM 由一系列 pom.xml 文件中的声明性描述构成，其中包括依赖项、插件等。这些 pom.xml 文件构成一棵树，每个文件能从其父文件中继承属性。Maven 提供一个 Super POM，它包含所有项目的通用属性。

（2）Maven 根据其依赖项管理模型解析项目依赖项。Maven 在本地仓库和全球仓库寻找依赖性组件，称作工件（artifact）。在远程仓库中解析的工件被下载到本地仓库中，以便使接下来的访问有效进行。

（3）Maven引擎通过插件执行文件处理任务，Maven的每个功能都是由插件提供的。插件被配置和描述在pom.xml文件中。依赖项管理系统将插件当作工件来处理，并根据构建任务的需要下载插件。每个插件都能和生命周期中的不同阶段联系起来。Maven引擎有一个状态机，它运行在生命周期的各个阶段，在必要的时候调用插件。

（4）软件项目一般都有相似的开发过程，如准备、编译、测试、打包和部署等，Maven将这些过程称为“构建生命周期”。在Maven中，这些生命周期由一系列的短语组成，每个短语对应着一个（或多个）操作。在执行某一个生命周期时，Maven会首先执行该生命周期之前的其他周期。如要执行compile，那么将首先执行validate，generate-source，process-source和generate-resources，最后执行compile。

在Eclipse和STS等开发工具中均内置有Maven支持。当然，也可以选择外部的Maven，在工具中按Window—Preferences—Maven—Installations的路径来选择外部安装的Maven的安装位置。可通过访问开源网址http://maven.apache.org/下载Maven的安装压缩包。

3.2 Maven依赖项管理模型

一个典型的Java工程会依赖其他的包。在Maven中，这些被依赖的包称为dependency。dependency一般是其他工程的artifact。Maven依赖项管理引擎帮助解析构建过程中的项目依赖项。以下代码给出了一个工程中的依赖定义的元素构成。dependencies可以包含多个dependency元素，以声明项目依赖。项目依赖项存储在Maven存储库（简称为仓库）中。要成功地解析依赖项，需要从包含该工件的仓库中找到所需的依赖工件。

```
<dependencies>
    <dependency>
      <groupId>…</groupId>
      <artifactId>…</artifactId>
      <version>…</version>
      <type>…</type>
      <scope>…</scope>
      <optional>…</optional>
      <exclusions>
        <exclusion> … </exclusion>
      </exclusions>
    </dependency>
</dependencies>
```

每个依赖包含的元素中，groupId、artifactId和version是依赖的基本坐标，Maven根据坐标找到需要的依赖包；type是依赖的类型，默认值为jar；scope是依赖的范围；optional定义依赖标记是否可选；exclusions用来排除传递性依赖。大部分依赖声明只包含基本坐标。

3.2.1 工件和坐标

工件通常被打包成包含二进制库或可执行库的JAR文件，工件也可以是WAR、EAR

或其他代码捆绑类型。Maven 利用操作系统的目录结构对仓库中的工件集进行快速索引，索引系统通过工件的坐标唯一标识工件。

Maven 坐标是一组可以唯一标识工件的三元组值。坐标包含了下列三条信息。

- 组 ID：代表制造该工件的实体或组织。
- 工件 ID：工件的名称（通常为项目或模块的名称）。
- 版本：该工件的版本号。

3.2.2 依赖范围与 classpath

Maven 在编译、测试、运行中使用各自的 classpath，依赖范围就是用来控制依赖与这三种 classpath 的关系的。

- compile：默认依赖范围。其对编译、测试、运行三种 classpath 都有效。
- test：该依赖范围只对测试 classpath 有效。
- provided：该依赖范围对编译和测试 classpath 有效，但在运行时无效。
- runtime：该依赖范围对测试和运行 classpath 有效，但在编译时无效。
- system：该依赖范围与三种 classpath 的关系和 provided 依赖范围完全一致。但是，使用 system 范围的依赖时必须通过 systemPath 元素显式地指定依赖文件的路径。
- import：作用是把目标 POM 中依赖管理的配置导入当前 POM 的依赖管理的元素中。该依赖范围不会对三种 classpath 产生实际影响。

3.2.3 Maven 仓库

Maven 仓库分本地仓库和远程仓库。Maven 本地仓库是磁盘上的一个目录，通常位于 HomeDirectory/.m2/repository。本地仓库类似本地缓存的角色，存储着在依赖项解析过程中下载的工件。远程仓库要通过网络访问。在 STS 的 Preferences 窗口（选择 Windows→Preferences 命令可打开该窗口）中可对 Maven 进行各类配置。

依赖项解析器首先检查本地仓库中的依赖项，然后检查远程仓库列表中的依赖项，从远程下载到本地，如果远程列表中没有或下载失败，则报告一个错误。

Maven 全局配置文件是 MavenInstallationDirectory/conf/settings.xml。该配置对所有使用该 maven 的用户都起作用，也称为主配置文件。可以在 settings.xml 配置文件中维护一个远程仓库列表以备使用。

用户配置文件放在 UserHomeDirectory/.m2/settings.xml 下，只对当前用户有效，且可以覆盖主配置文件的参数内容。

默认远程仓库是一个能在全球访问的集中式 Maven 仓库。在内部开发中，可以设置额外的远程仓库来包含从内部开发模块中发布的工件。用 settings.xml 中的<repositories>元素来配置这些额外的远程仓库。

第一次构建 Maven 项目，所有依赖的 jar 包要从 Maven 的中央仓库下载，所以需要时间等待。待本地仓库中积累了常用的 jar 包后，开发将变得方便。

STS 环境中要注意更新远程依赖仓库 central 中心的索引信息，确保 pom.xml 中增加依赖项时能搜索到需要的依赖项，工程编译时将从远程仓库下载相应的jar包到本地仓库。

【技巧】如果Maven工程中pom.xml编译指示出现问题，往往需要对工程进行更新，可以从工程的Maven菜单中选择Update Project来实现更新。

3.3 创建Maven工程

1. 在STS中创建Maven 工程

以下为在STS中创建Maven Web工程的过程。

选择菜单栏中的File→New→Other，在弹出的对话框中选择Maven下的Maven Project，然后单击Next按钮，在弹出的New Maven Project对话框中，将列出可选项目类型，设置Artifact Id为maven-archetype-web类型的列表项，单击Next按钮。Maven工程可供选择的工程类型非常多，工程类型选择对话框需要到网上下载信息，需要等待较长时间。

在弹出的对话框中设置Group Id、Artifact Id、Version、Package。其中，Group Id用于指定项目所属组别标识；Artifact Id 定义项目中的工件标识；Version 定义项目的版本；Package设定项目的包路径。

Maven 工程的具体内容安排有自己的约定，提倡“约定优先于配置”的理念。Maven为工程中的源文件、资源文件、配置文件、生成的输出和文档都制定了标准的目录结构。Maven默认的文件存放结构如下。

```
/项目目录
    |— pom.xml 用于 Maven 的配置文件
    |— /src 源代码目录
    |    |— /src/main 工程源代码目录
    |    |    |— /src/main/java 工程 Java 源代码目录
    |    |— /src/main/resource 工程的资源目录
    |    |— /src/test 单元测试目录
    |    |    |— /src/test/java
    |— /target 输出目录
    |    |— /target/classes 存放编译之后的 class 文件
```

2. 添加依赖关系

根据工程需要添加依赖关系。如果是构建Spring MVC应用，所需依赖项应包括spring-web和spring-webmvc。

添加过程是先选中 pom.xml 文件，右击，在弹出的快捷菜单中选择 Maven→Add Dependence。然后，可以在输入框中进行搜索，在列出的搜索结果中选择相应项目。成功添加依赖后，应该在工程的Maven Dependence路径下看到相应的jar包路径。

有些jar并不提供Maven仓库这种形式，下载到本地后，可以使用如下方式来引用。

```
<dependency>
```

```
    <groupId>apache-tika</groupId>
    <artifactId>tika</artifactId>
    <version>1.0</version>
    <scope>system</scope>
    <systemPath>F:\tools\tika-app-1.0.jar</systemPath>
</dependency>
```

3．导入 Maven 项目

可用如下方式将已存在的一个 Maven 项目导入 STS 环境中：选择 File→Import→Maven→Existing Maven Projects，然后选择 Maven 项目路径，单击 Finish 按钮即可。

3.4　在 STS 中运行 Maven 命令

Maven 内置了开发流程的支持功能，它不仅能够编译，还能够打包、发布。在 Maven 项目或者 pom.xml 文件上右击，从弹出的快捷菜单中选择 Run As，可看到 Maven 命令菜单，如图 3-2 所示。

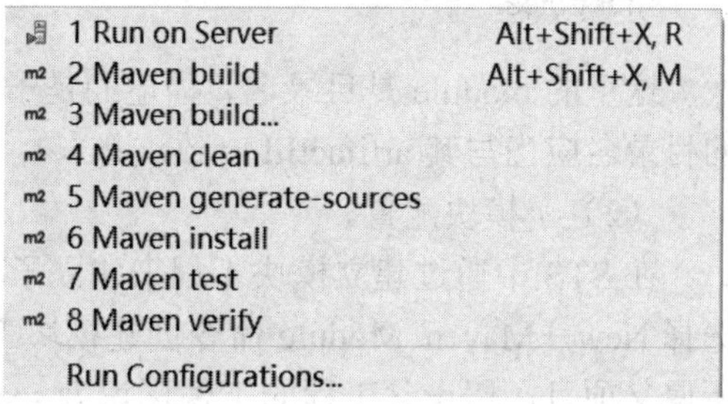

选择菜单项可执行相应的命令，同时能在 STS 的 Console 界面中看到构建输出。其中，选择 Maven build 可运行自定义的 Maven 命令，在弹出对话框的 Goals 中输入要执行的命令，如 clean test，单击 Run 按钮即可执行 clean 和 test 两个命令。

1 Run on Server　Alt+Shift+X, R
2 Maven build　Alt+Shift+X, M
3 Maven build...
4 Maven clean
5 Maven generate-sources
6 Maven install
7 Maven test
8 Maven verify
Run Configurations...

图 3-2　Maven 命令菜单

以下为常用 Maven 命令的解释说明。

- Maven clean：清理上一次构建生成的文件。
- Maven compile：编译项目的源代码。
- Maven build：对整个工程进行重新编译。
- Maven test：使用单元测试框架运行测试，测试代码不会被打包或部署。
- Maven package：接收编译好的代码，打包成可发布的格式，如.jar 格式等。
- Maven install：完成项目编译、单元测试、打包功能，同时把打好的可执行 jar 包布署到本地 Maven 仓库，供本地其他 Maven 项目使用。
- Maven verify：对 Maven 项目生命周期各阶段进行检查。

实际上，STS 会自动对 Maven 项目进行编译处理。所以，通常情况下不用运行命令。

3.5　Maven 的多模块管理

大型工程需要将项目划分为多个模块，可用 Maven 来管理项目各模块之间复杂的依赖关系。Maven 项目配置之间的关系有两种：继承关系和引用关系。

1．继承关系

Maven 默认根据目录结构来设定 pom 的继承关系，即下级目录的 pom 默认继承上级目录的 pom。继承关系可以通过抽取公共特性，大幅度减少子项目的配置工作量。通过关联设置，所有父工程的配置内容都会在子工程中自动生效，除非子工程有相同的配置覆盖。

对于父子项目，配置涉及两个方面。

（1）父项目配置。

要求父工程的 packaging 设置必须是 pom 类型，并在父工程设置模块列表，例如：

```
<groupId>ecjtu.search</groupId>
<artifactId>searchWeb</artifactId>
<version>1.0.0-SNAPSHOT</version>
<packaging>pom</packaging>
<modules>
    <module>query</module>
    <module>analyzer</module>
</modules>
```

这里的 module 是目录名，描述的是子项目的相对路径。为了方便快速定位内容，模块的目录名应当与其 artifactId 一致。

（2）子模块配置。

在 STS 中通过建立模块工程来建立子项目，首先要选中父项目，然后在弹出的菜单中选择 New→Maven Module 命令创建模块工程。在子项目 pom 设置中通过 parent 元素告知所属父项目。假设父工程的工件标识为 searchWeb，子模块 query 对应的配置如下。

```
<parent>
    <groupId>ecjtu.search</groupId>
    <artifactId>searchWeb</artifactId>
    <version>1.0.0-SNAPSHOT</version>
</parent>
<groupId>ecjtu.search</groupId>
<artifactId>query</artifactId>
<packaging>jar</packaging>
```

【注意】一个项目的子模块应该具有相同的 groupId。在物理存储中，子模块将在父工程下建立一个子目录。采用层层缩进的目录结构较为清晰，也可以在子项目的 parent 元素中加入<relativePath>../searchWeb/pom.xml</relativePath>来指定父项目的路径。

2．引用关系

另一种实现配置共用的办法是使用引用关系。Maven 中配置引用关系是加入一个 type 为 pom 的依赖。例如，以下代码将工件 ontology 中的所有依赖加入当前工程。

```
<dependency>
    <groupId>ecjtu.search</groupId>
    <artifactId>ontology</artifactId>
    <version>1.0</version>
```

```
    <type>pom</type>
</dependency>
```

无论是父项目还是引用项目，这些工程都必须用 Maven install 命令安装到本地库，否则编译时会报告有的依赖没有找到。

3.6　给 Maven 工程构建提速

默认的 Maven 中心仓库来自国外，下载 jar 包的速度比较慢，以下配置使用阿里云的镜像仓库，下载 jar 包的速度加快。具体处理办法是修改工程的 pom.xml 文件，通过覆盖默认的中央仓库的配置实现中央仓库地址的变更。

```
<repositories>
    <repository>
        <id>central</id>
        <name>aliyun maven</name>
        <url>https://maven.aliyun.com/repository/public/</url>
        <layout>default</layout>
         <!-- 是否开启发布版构件下载 -->
        <releases>
            <enabled>true</enabled>
        </releases>
        <!-- 是否开启快照版构件下载 -->
        <snapshots>
            <enabled>false</enabled>
        </snapshots>
    </repository>
</repositories>
<pluginRepositories>
    <pluginRepository>
        <id>aliyun-plugin</id>
        <url>https://maven.aliyun.com/nexus/content/groups/public/</url>
        <snapshots>
            <enabled>false</enabled>
        </snapshots>
    </pluginRepository>
</pluginRepositories>
```

第 3 章课件

第 3 章习题

第 4 章　Spring 的 AOP 编程

AOP（aspect oriented programming）全称为面向切面的编程，是一种设计模式，用于实现一个系统中的某一个方面的应用。作为面向对象编程的一种补充，AOP 已经成为一种比较成熟的编程方式。AOP 在普通应用的已有业务逻辑的前后加入切面逻辑来完成某一方面要关注的事情。AOP 为开发人员提供了一种描述横切关注点的机制，并能够自动将横切关注点织入面向对象的软件系统，体现了“分而治之”的思想。

4.1　Spring AOP 概述

AspectJ 是一个面向切面的框架，从 Spring 2.0 开始，Spring AOP 就支持 AspectJ。使用 Spring 的 AOP 功能除了要引入 Spring 框架提供的 AOP 包（aop 包和 aspects 包），还需要将 AspectJ 的 aspectjweaver.jar 添加到类路径。如果采用 CGLib 做代理，需要添加 cglib-nodep.jar。当然，具体应用中还需添加 Spring 框架核心模块的 jar 包以及与 log 日志相关的.jar 文件（如 commons-logging.jar）。在 Spring Boot 中使用 AOP 功能需要添加 spring-boot-starter-aop 的依赖项。

AOP 将应用系统分为核心业务逻辑及横向的通用逻辑两部分。像日志记录、事务处理、权限控制等“切面”的功能，都可以用 AOP 来实现，从而实现切面逻辑和业务逻辑的分离。

AOP 通过对传统 OOP 设计方法学进行改进，进一步增强了系统的可维护性、灵活性和可扩展性，提高了代码的通用性。其优点归纳为以下几点。

（1）代码集中。解决了 OOP 跨模块造成的代码纠缠和代码分散问题。

（2）模块化横切关注点。核心业务级关注点与横切关注点分离，降低了横切模块与核心模块的耦合度，实现了软件工程中的高内聚、低耦合的要求，增强了程序的可读性，并且使系统更容易维护。

（3）系统容易扩展。AOP 的基本业务模块不知道横切关注点的存在，很容易通过建立新的切面加入新的功能。另外，当系统中加入新的模块时，已有的切面会自动横切进来，如此可使系统易于扩展。

（4）提高代码重用性。AOP 把每个 Aspect 实现为独立的模块，模块之间松散耦合，意味着更高的代码重用性。

4.1.1　AOP 的术语

AOP 的术语描述了 AOP 编程的各个方面，其逻辑关系如图 4-1 所示。

- 切面（Aspect）：描述的是一个应用系统的某一个方面或领域，如日志、事务、权限检查等。切面和类非常相似，对连接点、切入点、通知及类型间声明进行封装。

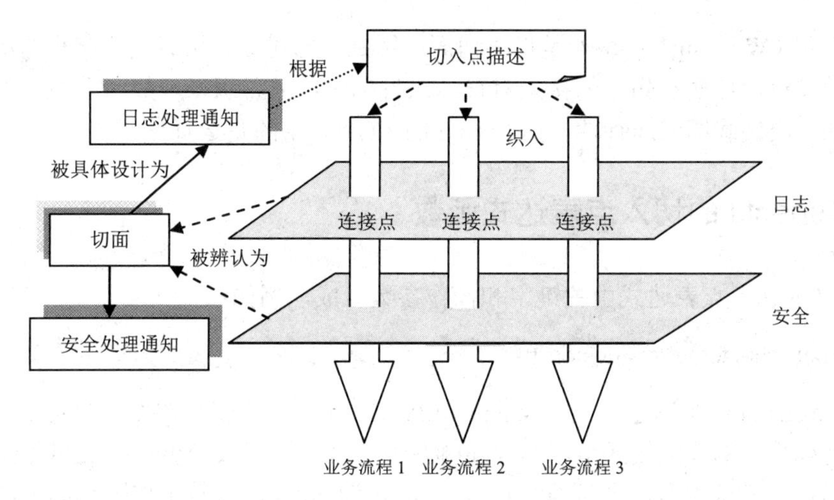

图 4-1　AOP 术语的逻辑关系示意图

- 连接点（Joinpoint）：连接点是应用程序执行过程中插入切面的点，这些点可能是方法的调用、异常抛出或字段的修改等。Spring 只支持方法的 Joinpoint，也就是 Advice 将在方法执行的前后被应用。
- 通知（Advice）：表示切面的行为，具体表现为实现切面逻辑的一个方法。常见通知有 before、after、around 及 throws 等。before 和 after 分别表示通知在连接点的前面或者后面执行，around 则表示通知在连接点的外面执行，并可以决定是否执行此连接点。throws 表示通知在方法抛出异常时执行。
- 切入点（Pointcut）：切入点指定了通知应当应用在哪些连接点上，通过正则表达式定义方法集合。切入点由一系列切入点指示符通过逻辑运算组合得到，AspeetJ 的常用切入点指示符包括 execution、call、initialization、handler、get、set、this、target、args、within 等。
- 目标对象（Target）：目标对象是指被通知的对象，它是一个普通的业务对象，如果没有 AOP，那么它其中可能包含大量的非核心业务逻辑代码，如日志、事务等，而如果使用 AOP，则其中只需写核心的业务逻辑代码，如图 4-1 和图 4-2 所示。
- 代理（Proxy）：代理是指将通知应用到目标对象后形成的新的对象。它实现了与目标对象一样的功能，在 Spring 中，AOP 代理可以是 JDK 动态代理或 CGLib 代理，如图 4-2 所示。

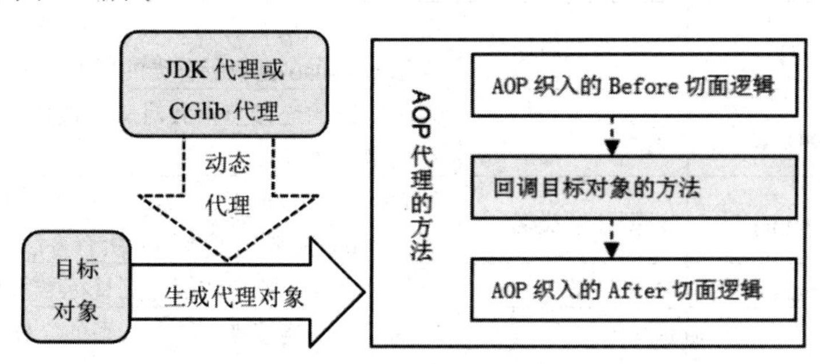

图 4-2　AOP 代理的方法与目标对象的方法的逻辑关系

- 织入（Weaving）：织入是指将切面应用到目标对象，从而建立一个新的代理对象的过程，切面在指定的接入点被织入目标对象中。织入一般可发生在对象的编译期、类装载期或运行期，而 Spring 的 AOP 采用的是运行期织入。

4.1.2 AspectJ 的切入点表达式函数

AspectJ 的切入点表达式由关键字和操作参数组成，例如：

```
execution(* chapter4.Work.doing(..))
```

其中，execution 为关键字，而* chapter4.Work.doing(..)为操作参数。它是一个正则表达式，描述目标方法的匹配模式串，指定在哪些方法执行时织入 Advice。这里表示 chapter4 包下，返回值为任意类型，类名为 Work，方法名为 doing，参数不作限制的方法。

为了描述方便，不妨将 execution()称作函数，而将匹配串称作函数的入参。描述入参的正则表达式中的一些特殊符号含义如表 4-1 所示。

表 4-1　描述入参的正则表达式中特殊符号含义

符　号	描　述
.	匹配除换行符外的任意单个字符
*	匹配任何类型的参数串
..	匹配任意的参数，0 到多个

Spring 支持 9 个@AspectJ 切点表达式函数，它们用不同的方式描述目标类的连接点，根据描述对象的不同，可以将它们大致分为 4 种类型，如表 4-2 所示。

表 4-2　切点函数

类　别	函　数	入　参	说　明
方法切点函数	execution()	方法匹配模式串	满足参数中所指定匹配模式的目标类方法作为连接点
	@annotation()	方法注解类名	标注了特定注解的目标方法作为连接点
方法入参切点函数	args()	类名	通过判别目标类方法运行时入参对象的类型定义来限制连接点
	@args()	类型注解类名	通过判别目标方法的运行时入参对象的类是否标注特定注解来限制连接点
目标类切点函数	within()	类名匹配串	限制连接点要符合特定域范围。如 within(com.dao.*)表示 com.dao 包中所有类的任何方法
	target()	类名	限制匹配的连接点，其对应的被代理的目标对象为给定类型的实例
	@within()	类型注解类名	如@within(example.Demo)定义的切点，假如某类标注了@Demo 注解，则该类的所有方法均作为连接点
	@target()	类型注解类名	目标类标注了特定注解，则目标类所有方法为连接点
代理类切点函数	this()	类名	限制匹配的连接点为给定类型的 AOP 代理 Bean 实例的方法

（1）方法切点函数：通过描述目标类方法信息来定义连接点。

（2）方法入参切点函数：通过描述目标类方法入参的信息来定义连接点。

（3）目标类切点函数：通过描述目标类类型信息来定义连接点。

（4）代理类切点函数：通过描述目标类的代理类的信息来定义连接点。

例如：execution(* set*(..))表示匹配任何以 set 作为前缀的方法。this(chapter2.Thinkable)表示匹配 chapter2 包中 Thinkable 接口类型的代理对象。

另外，Spring AOP 还提供了名为 bean 的切点指示符，用于指定 Bean 实例的连接点。定义表达式时需要传入 Bean 的标识或名字。表达式参数允许使用“*”通配符。例如，bean(*book)表示匹配所有名字以 book 结尾的 Bean。但该标识只能限制到 Bean 对象，要匹配 Bean 的某个方法可以通过 args 参数进行指定。例如，@Before("bean(mybean) && args()")表示在标识为 mybean 的 Bean 所代表对象的所有无参方法执行前，给其加入切面逻辑。

4.2　简单 AOP 应用示例

Spring AOP 有三种使用方式，分别是基于@Aspect 注解的方式、基于 XML 模式配置的方式、基于底层的 Spring AOP API 编程的方式。基于@Aspect 注解的方式是最明了的方式，本书仅介绍该方式，其实现方便易懂，代码具有较好的弹性。

Spring 建立 AOP 应用的基本步骤如下。

（1）建立目标类及业务接口。

（2）通过 Bean 的注入配置定义目标类 Bean 实例。

（3）通过注解定义切面逻辑，配置目标类的代理对象（织入通知形成代理对象）。

（4）获取代理对象，调用其中的业务方法。

以下结合简单的应用样例进行介绍。

1．业务逻辑接口

【程序清单——文件名为 Sample.java】

```
public interface Sample {
    public String doing(String what);
}
```

注意，为了让 Spring 自动利用 JDK 的代理功能，有必要定义接口。用接口定义业务规范也是良好的程序设计风格。

2．业务逻辑实现

【程序清单——文件名为 Work.java】

```
package chapter4;
public class Work implements Sample {
    public String doing(String what) {
        System.out.println("正在..." + what);
```

```
        return "工作效果良好" ;
    }
}
```

3．配置类

【程序清单——文件名为 MyConfig.java】

```
@ComponentScan("/chapter4")
@EnableAspectJAutoProxy
@Configuration
public class MyConfig {
    @Bean
    public Work myBean() {
        return new Work();
    }
}
```

其中，@EnableAspectJAutoProxy 注解用于启用对@AspectJ 注解的支持。自动为 Spring 容器中那些配置@aspectJ 切面的 Bean 创建代理，织入切面。如果目标类实现了接口，则默认使用 JDK 动态代理织入切面逻辑，否则采用 CGLib 动态代理技术织入切面逻辑。JDK 动态代理利用 java.lang.reflect.Proxy 类来实现。CGLib 代理应用的是底层的字节码增强技术，生成当前类的子类对象。

4．切面逻辑

【程序清单——文件名为 Aspectlogic.java】

```
@Aspect
@Component                              //实现切面在 IoC 容器中的注册
public class   Aspectlogic {
    /* 声明 Before Advice ，并直接指定切入点表达式，
        也就是 chapter4 包下 Work 类的 doing()方法作为切入点 ，
        在该方法执行前执行切面逻辑*/
    @Before("execution(* chapter4.Work.doing(..))")
    public void execute()   {              //切面逻辑的方法
        System.out.println("Before Advice  上课铃响");
    }
}
```

其中，@Aspect 用于告诉 Spring 这是一个需要织入的类；@Component 注解符定义该类为 Spring Bean，并将该 Bean 作为切面处理；@Before 用以声明 Before Advice，表示该 Advice 在其切入点表达式中定义的方法之前执行。Pointcut 表达式中的“*”可匹配任何访问修饰和任何返回类型。方法参数列表中的“..”可匹配任何数目的方法参数。

也可以先用@Pointcut 定义切入点表达式，再将其应用到通知定义中，这样的好处是一次定义，以后可多处使用，具体代码如下。

```
@Pointcut("execution(* chapter4.Work.doing(..))")
public void mypoint() {   }                 //用来标注切入点的方法必须是一个空方法
```

在定义通知中，可以通过 pointcut 和 value 两个属性之一来指定切入点表达式，它可以是已定义的切入点，也可以直接定义切入点表达式。以下通知引用前面定义的切入点。

```
@Before(value="mypoint()")
```

甚至还可以简写成如下形式。

```
@Before("mypoint()")
```

5．应用主程序

以下建立一个名为 Tester 的测试类，用于测试 Before 通知的执行。

【程序清单——文件名为 Tester.java】

```
public class Tester {
    public static void main(String[ ] args) {
        ApplicationContext context = new AnnotationConfigApplicationContext(MyConfig.class);
        Sample sample = (Sample) context.getBean("myBean");
        System.out.println(sample.doing("上数学课"));
    }
}
```

【运行结果】

```
Before Advice  上课铃响
正在...上数学课
工作效果良好
```

从结果可以看出，在执行方法 doing()前先执行了切面逻辑。Spring 将根据@Aspect 的定义查找满足切点表达式的方法调用，在调用相应方法的前后加入切面逻辑，如图 4-2 所示。

AOP 代理其实是由 AOP 框架动态生成的一个对象，该对象可作为目标对象使用。AOP 代理包含了目标对象的全部方法，但 AOP 代理的方法与目标对象的方法存在差异，AOP 方法添加了切面逻辑进行额外处理，并回调了目标对象的方法。

【注意】对于添加了代理的 Bean，从容器中获取 Bean 要用 getBean("myBean")方法，不能采用 getBean("myBean", Work.class)方法。这里，原来的 Bean 被 Spring 产生的代理取代，所以它的类型不是 Work。因此，出于 AOP 的设计考虑，程序中获取 Bean 的方法最好采用本例代码中的强制转换形式。

4.3　Spring 切面定义说明

4.3.1　Spring 的通知类型

Spring 可定义 5 类通知，分别是 Before 通知、AfterReturning 通知、AfterThrowing 通知、After 通知、Around 通知。如果同时定义了多个通知，则通知的执行次序与其优先级有关，以下为通知优先级由低到高的顺序：

Before 通知→Around 通知→After 通知/AfterThrowing 通知→AfterReturning 通知

AfterThrowing 通知和 After 通知具有相同优先次序。在进入连接点时，最高优先级的通知先被织入。在退出连接点时，最高优先级的通知最后被织入。同一切面类中两个相同类型的通知在同一个连接点被织入时，Spring 一般按通知定义的先后顺序来决定织入顺序。

1．Before 通知

Before 通知在其切入点表达式中定义的方法之前执行。该通知处理前，目标方法还未执行，所以使用 Before 通知无法返回目标方法的返回值。

2．AfterReturning 通知

AfterReturning 通知在切入点表达式中定义的方法之后执行。可通过其 returning 属性指定一个形参，通过该形参访问目标方法的返回值。以下为 AfterReturning 通知的使用样例。

```
@AfterReturning(pointcut ="mypoint()", returning="r")
public void afterReturningAdvice(String r) {
        if (r != null)
            System.out.println("AfterReturning Advice  方法返回结果= "+r );
}
```

【注意】AfterReturning 通知只可获取而不可改变目标方法的返回值。

3．AfterThrowing 通知

AfterThrowing 通知用于处理程序中未处理的异常。用该通知的 throwing 属性可指定一个返回值形参名，通过该形参访问目标方法中抛出但未处理的异常对象。以下为 AfterThrowing 通知的使用样例。

```
@AfterThrowing(pointcut="mypoint()",throwing="e")
public void afterThrowingAdvice(Exception e) {
    System.out.println("exception msg is : " + e.getMessage());
}
```

【说明】该切面逻辑不会被执行，因为切入点定义对应的是 doing()方法，而 doing()方法不会产生异常。

4．After 通知

After 通知与 AfterReturning 通知类似，但也有区别。AfterReturning 通知只有在目标方法成功执行完毕后才会被织入，而 After 通知不管目标方法是正常结束还是异常中止，均会被织入。所以 After 通知通常用于释放资源。

5．Around 通知

Around 通知的功能比较强大，近似等于 Before 通知和 AfterReturning 通知的总和，但与它们不同的是，Around 通知还可决定目标方法什么时候执行，如何执行，甚至可阻止目标方法的执行。Around 通知可以改变目标方法的参数值，也可以改变目标方法的返回值。

在定义 Around 通知的切面逻辑方法时，至少要给方法加入 ProceedingJoinPoint 类型的参数，在方法内调用 ProceedingJoinPoint 类型参数对象的 proceed()方法实现对目标方法的调用。调用 ProceedingJoinPoint 的 proceed()方法时，还可以传入一个 Object[]对象，该数组中的数据将作为目标方法的实参。以下为具体应用举例。

```
@Around( value = "mypoint()" )
public Object process(ProceedingJoinPoint pj) {
    Object res=null;
    try {
        System.out.println("带齐上课资料...");
        res = pj.proceed(new String[ ]{"上语文课"});  //执行目标方法
        System.out.println("上课顺利，祝贺!...");
    } catch (Throwable   e) {
        System.out.println("出现意外，影响上课...");
    }
    return "Around Advice  方法新结果！";
}
```

【运行结果】

```
带齐上课资料...
Before Advice  上课铃响
正在...上语文课
AfterReturning Advice  方法返回结果=  工作效果良好
上课顺利，祝贺!...
Around Advice  方法新结果！
```

【说明】在运行结果中有一行是 4.2 节中@Before 逻辑执行的输出，还有一行是前面@AfterReturning 逻辑的输出。proceed()方法将调用目标方法，并将目标方法参数值由“上数学课”变成“上语文课”。此例在 proceed()方法调用前后均有输出语句，演示了 Around 通知中各部分的执行时机，后面还可看到有的内容会在 After 通知后执行。

4.3.2　访问目标方法的参数

访问目标方法最简单的做法是在定义通知时将第一个参数定义为 JoinPoint 类型的参数，该 JoinPoint 参数就代表了织入通知的连接点。JoinPoint 内包含如下常用方法，通过它们可传递信息。

- Object[] getArgs()：返回执行目标方法时的参数。
- Signature getSignature()：返回切面逻辑方法的相关信息。
- Object getTarget()：返回被织入切面逻辑的目标对象。
- Object getThis()：返回 AOP 框架为目标对象生成的代理对象。

例如，如下通知定义可获取目标方法的相关信息。

```
@After("mypoint()")
public void execute2(JoinPoint jp)   {
```

```
    System.out.println("After  切入点的操作信息："+jp.getTarget()+
            "\n 方法调用参数："+jp.getArgs()+
            "\n 当前代理对象："+jp.getThis()+
            "\n 方法的签名："+jp.getSignature().getName());
}
```

【运行结果】

```
After 切入点的操作信息：chapter4.Work@6a47b187
方法调用参数：[Ljava.lang.String;@2049a9c1
当前代理对象：chapter4.Work@6a47b187
方法的签名：doing
```

Spring 还可以通过通知定义中的 args 方法来获取目标方法的参数。在一个 args 表达式中还可以指定若干参数来限制切入点的方法符合参数要求。

以下为具体应用举例。

```
@After("mypoint() && args(str)")
public void AfterAdviceWithArg(String str) {
    System.out.println("after advice with arg is executed! arg is : " + str);
}
```

该切面逻辑对应的执行结果如下：

```
after advice with arg is executed! arg is : 上语文课
```

【注意】切面逻辑方法中定义的参数与目标方法的参数形态一致时，切面逻辑才会执行。如果切入点的 doing 方法是一个无参方法，与通知的参数定义要求不匹配，则此切面逻辑代码将不会执行。

第 4 章课件

第 4 章习题

第 4 章代码

第 5 章　Spring Boot 简介与应用初步

Spring 应用开发中最为突出的问题是项目的配置和项目依赖管理烦琐。Spring Boot 是一个简化 Spring 开发的框架，可简单、快速、方便地搭建项目。Spring Boot 依靠约定提供各种默认配置来简化项目配置。Spring Boot 工程中根据 parent 项目完成其依赖管理，大部分依赖项无须写版本号，会自动进行版本仲裁。Spring Boot 有不少组合依赖项，可大大减少应用要引入的依赖项数量。

5.1　Spring Boot 的特性与配置

Spring Boot 框架提供了很多默认配置，采用“约定大于配置”的设计理念，去繁就简，只需要进行很少的配置就可以创建出独立的、产品级别的应用。Spring Boot 有 Gradle 和 Maven 两种项目构建形式，Gradle 是用 Groovy 语言来声明配置的，本书采用 Maven 项目构建形式。

5.1.1　Spring Boot 的特性

目前，Spring Boot 已发布 3.1 版，对开发环境有更高的要求，使用 Jakarta EE 9 APIs（jakarta.*），而不再使用 Java EE 8 APIs（javax.* ）。Spring Boot 3.0 的最低要求是： JDK17、Spring Framework 6.0.0、Maven3.5+、Servlet5.0+、Tomcat10。

Spring Boot 实现了对主流开发框架的无配置集成，极大提高了开发、部署效率。具体表现在以下几个方面。

（1）几秒构建项目。针对很多 Spring 应用程序常见的应用功能，Spring Boot 能自动提供相关配置。Spring Boot 将其功能场景都抽取出来，做成一个个 starters（启动器），只需要在项目里面引入这些 starter，相关场景的所有依赖就会导入。starters 自动管理依赖与版本控制，这些依赖引入的库的版本不会出现不兼容的情况。

（2）支持运行期内嵌容器，支持热启动。Spring Boot 支持内嵌的 Tomcat、Jetty 服务器，让部署变得简单，开发人员不需要关心环境问题，专心编写业务代码即可。

（3）支持关系数据库和非关系数据库。

（4）自带应用监控。Spring Boot 是一款自带监控的开源框架，通过提供组件 Spring Boot Actuator 来集成对应用系统的监控功能。Spring Boot admin 是一款基于 Spring Boot Actuator 的强大的监控软件，可监控项目的基本信息、健康信息、内存信息、垃圾回收信息等。

（5）让测试变得简单。Spring Boot 内置了七种强大的测试框架，包括 JUnit、Spring

Test、AssertJ 等，只需要在项目中引入 spring-boot-start-test 依赖包，就可以对 Web 和数据库进行测试。

（6）简洁的安全策略集成。

（7）提供命令行界面。这是 Spring Boot 的可选特性。编写应用程序无须项目构建。

5.1.2　Spring Boot 的配置文件

Spring Boot 在启动运行过程中会进行众多的自动配置。启动时会根据 Maven 配置中的依赖项自动导入相关 jar 包到类路径。如果有 Thymeleaf 的依赖项，则自动配置 Thymeleaf 的模板解析器、视图解析器以及模板引擎。每当应用程序启动时，Spring Boot 的自动配置要做近 200 个这样的决定，涵盖安全、集成、持久化、Web 开发等诸多方面。

Spring Boot 还将读取配置文件中的信息进行设置。Spring Boot 的全局配置文件是 application.properties 或 application.yml，它们放置在 src/main/resources 目录或者类路径的 /config 下。Spring Boot 的全局配置文件的作用是对一些默认的配置值进行修改。

以下为使用 application.properties 的示例，它将服务器的服务端口修改成 8888。

```
server.port=8888
```

Spring 也支持用 YAML 语言文件来设置配置信息，以下是通过 application.yml 配置文件来设置服务端口的代码。

```
server:
    port: 8888
```

YAML 文件内容对大小写敏感；使用缩进表示层级关系，缩进时不允许使用 Tab 键，只允许使用空格。YAML 表达采用“k: v”（注意，冒号后有一个空格，而且该空格是必需的）形式，字符串默认不用加单引号或者双引号。

5.1.3　兼容问题

Spring Boot 应用开发中难免遇到包版本冲突，要根据工程使用的 Spring Boot 版本查询冲突包的对应版本。

表 5-1 列出了 Spring Boot 近年来版本在维护和商业上的支持，更早期版本均已停止维护并且已停止商业支持。进行 Spring Boot 应用开发，一般基于最新版本来设计。

表 5-1　Spring Boot 的近期版本的支持情况

版　本	发 布 时 间	停止维护时间	停止商业支持
3.1.x	2023-05-18	2024-05-18	2025-08-18
3.0.x	2022-11-24	2023-11-24	2025-02-24
2.7.x	2022-05-19	2023-11-18	2025-02-18
2.6.x	2021-12-17	已停止	2024-02-24
2.5.x	2021-05-20	已停止	已停止

调试应用时要特别注意 Spring Boot 的版本对具体依赖项的支持情况。应用开发中的很多错误来自版本问题。在 Spring Boot 3.0 之后的版本中，注意项目中的第三方依赖包和代码要兼容 Jakarta EE 9，还要检查 Spring 框架使用的第三方依赖 jar 是否兼容 Spring 6。

5.2　Spring Boot 项目搭建与部署

不同类型项目有各自的目录结构安排项目内容。Spring Boot 提供了 Spring Initializr 来辅助进行工程的项目结构设置。Spring Initializr 从本质上来说是一个 Web 应用程序，利用它可以生成 Spring Boot 项目结构，以及对应的 Maven 或 Gradle 构建说明文件，程序员只需要填加应用程序的代码。

Spring Initializr 有几种用法，包括：通过 Web 界面使用；通过 Spring Tool Suite 或者 IntelliJ IDEA 等工具使用；通过 Spring Boot CLI 使用等。通过 Web 界面使用是访问 https://start.spring.io，可看到如图 5-1 所示窗口。填完表单，选好依赖，单击 GENERATE 按钮，Spring Initializr 会生成一个 ZIP 格式的压缩包，可以将其下载使用。

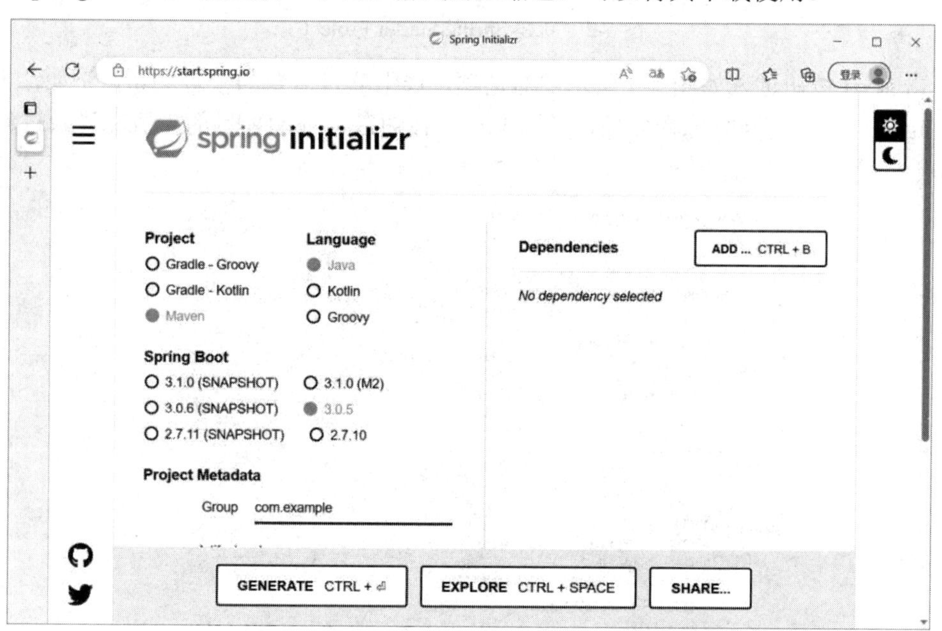

图 5-1　利用网站生成 Spring Boot 项目压缩包

5.2.1　在 STS 环境中创建 Spring Boot 工程

从 STS 的 File 菜单中选择 New（新建），在项目类型中选择 Spring Starter Project，出现如图 5-2 所示的对话框。输入工程名称，Location 处可通过单击 Browse 按钮来选择文件系统中项目的存放位置，也可选中 Use default location 复选框，选择默认的位置。特别注意 Type 选择 Maven 类型。

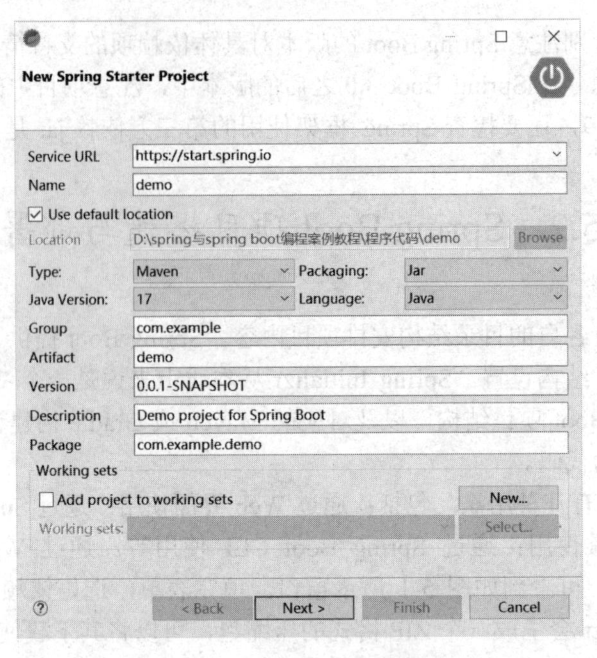

图 5-2　新建 Spring Starter Project

单击 Next 按钮进入如图 5-3 所示的对话框，选中项目需要的依赖关系，例如，本例选中 Spring Web，可以同时选择多项，单击 Finish 按钮后，开始项目的生成和导入过程。

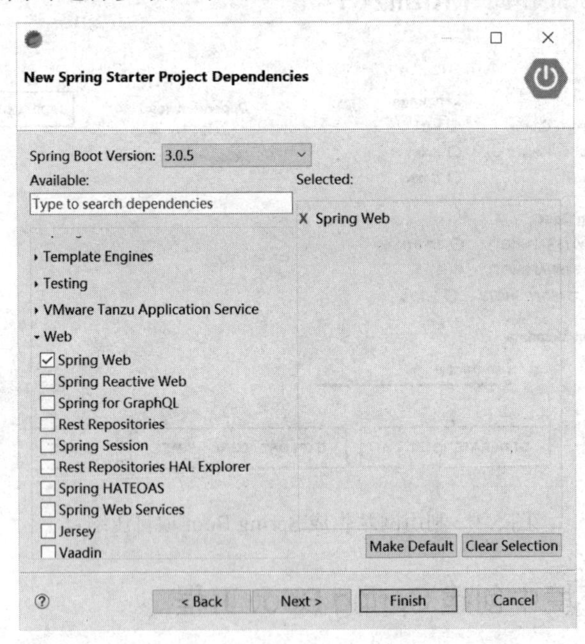

图 5-3　选择工程依赖关系

在项目产生的 pom.xml 文件中，可以看到如下依赖项。

```
<dependency>
    <groupId>org.springframework.boot</groupId>
```

```
    <artifactId>spring-boot-starter-web</artifactId>
</dependency>
```

如果是首次配置 Spring Boot，可能需要等待较长一段时间，STS 将下载相应的依赖包，默认创建好的项目结构如图 5-4 所示。

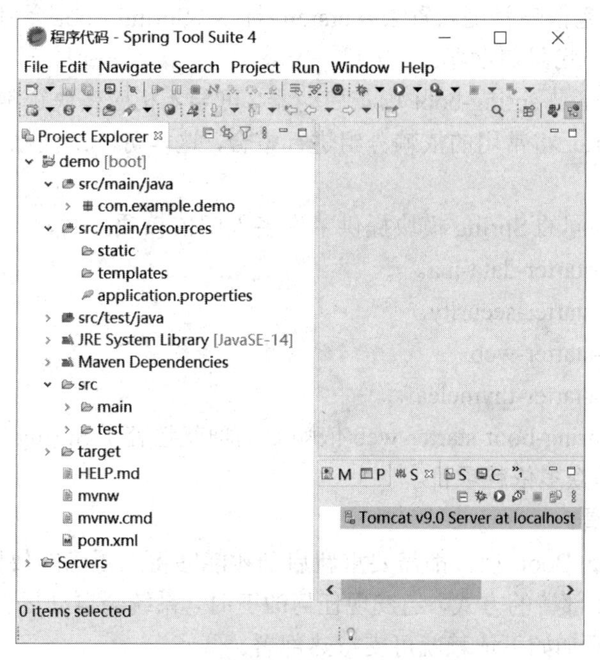

图 5-4　项目结构

【注意】Spring Tool Suite 是通过 REST API 与 Initializr 交互的，因此只有连上 Initializr 才能正常工作。在建构过程中网络应该是畅通的。

在项目结构中将默认生成如下文件。

- SpringbootApplication：一个带有 main()方法的类，用于启动应用程序。
- SpringbootApplicationTests：一个空的 Junit 测试，它加载了一个使用 Spring Boot 配置功能的 Spring 应用程序上下文。
- application.properties：一个空的 properties 文件，可按需要添加配置属性。
- pom.xml：Maven 构建说明文件。

在 Spring Boot 应用中，就连没内容的空目录都有自己的意义。static 目录放置的是 Web 应用程序的静态内容（如 JS 文件、样式表、图片等）。Spring Boot 建议采用 Thymeleaf 来作为视图解析，这时用于呈现模型数据的模板文件应放在 templates 目录里。

关于 Spring Boot 的 pom.xml 文件，注意以下几点。

（1）关于标签<parent>。

标签<parent>用于配置 Spring Boot 的父级依赖。

```
<parent>
    <groupId>org.springframework.boot</groupId>
    <artifactId>spring-boot-starter-parent</artifactId>
```

```
        <version>3.1.0</version>
        <relativePath/> <!-- lookup parent from repository -->
</parent>
```

这里，spring-boot-starter-parent 是一个特殊的 starter，用来提供相关的 Maven 默认依赖，使用它之后，常用的包依赖就可以省去<version>标签。Spring Boot 会自动进行版本的仲裁。

（2）关于 starter 场景启动器。

spring-boot-starter 是 spring-boot 场景启动器，可导入相应模块正常运行所依赖的组件。通过 Spring Boot Starter 将常用的依赖分组进行整合，这样可一次性添加相关的依赖到项目的 Maven 构建中。

Spring Boot 为不同的 Spring 模块提供了许多入门依赖项。例如：

- spring-boot-starter-data-jpa。
- spring-boot-starter-security。
- spring-boot-starter-web。
- spring-boot-starter-thymeleaf。

工程中添加的 spring-boot-starter-web 依赖启动项就包容了 Spring MVC 的主要依赖，通过依赖组合避免管理众多依赖项目。

（3）关于热部署。

每次修改 Spring Boot 项目都需要重新启动才能够得到正确的效果，这样略显麻烦，Spring Boot 提供了热部署的方式，当发现任何改变时，系统会自动更新项目，体现新变化。在 pom.xml 文件中添加如下依赖就可支持热部署。

```
<dependency>
        <groupId>org.springframework.boot</groupId>
        <artifactId>spring-boot-devtools</artifactId>
        <optional>true</optional> <!--为 true 热部署才有效 -->
</dependency>
```

配置生效后，如果对工程中代码有新修改，会观察到控制台的自动重启现象。当然，如果不嫌重启应用麻烦的话，也可不用添加 spring-boot-devtools 这个依赖项。

5.2.2　应用入口类

Spring Boot 项目通常有一个名为*Application 的入口类，入口类里有一个 main()方法，这个 main()方法其实就是一个标准的 Java 应用的入口方法。

【程序清单——文件名为 DemoApplication.java】

```
@SpringBootApplication
public class DemoApplication {
        public static void main(String[ ] args) {
                SpringApplication.run(DemoApplication.class, args);
        }
}
```

其中，main()方法中调用了 SpringApplication 中的静态方法 run()，run()会真正执行应用的引导过程，并创建 Spring 应用上下文环境。传递给 run()的两个参数，一个是配置类，另一个是命令行参数。配置类参数典型填写引导类自身。

【注意】@SpringBootApplication 是一个组合注解，该注解组合了@Configuration、@EnableAutoConfiguration、@ComponentScan 的功能。而@EnableAutoConfiguration 让 Spring Boot 根据工程的依赖设置对当前项目进行自动配置。

Spring Boot 在启动过程中将自动完成如下处理。

（1）加载配置文件 application.properties。

（2）根据 Maven 依赖设置找到相应的自动配置类，完成相关 Bean 的自动装配。比如，如果添加了 spring-boot-starter-web 依赖，会自动添加 Tomcat 和 Spring MVC 的依赖，并对 Tomcat 和 Spring MVC 进行自动配置。容器中会自动产生支持 Spring MVC 的多个 Bean，包括视图解析器、资源处理器以及消息转换器等。

（3）Spring Boot 会自动扫描@SpringBootApplication 注解所加注类所在的包以及子包里定义的 Bean。也就是扫描通过@Bean、@Service、@Repository、@Controller、@Component 等注解定义的部件，完成 Bean 构建并加载到容器中。

（4）应用初始化处理。其中包括自动执行 ApplicationRunner 或 CommandLineRunner 接口类型的 Bean 的 run()方法。CommandLineRunner 和 ApplicationRunner 的作用相同，但参数不同，前者是 String 类型的可变长参数，后者是 ApplicationArguments 类型的参数。

5.2.3 编写控制器

用@RestController 注解编写 REST 风格的控制器。其中，@RestController 注解是@Controller 和@ResponseBody 两个注解的合体版。@RestController 注解用于 REST 服务调用，用于需要获取结果数据的应用场景，适合前后端分离的应用开发。

【程序清单——文件名为 HelloController.java】

```
@RestController
public class HelloController {
    @RequestMapping("/hello")
    public String hello(@RequestParam(value = "name",
                defaultValue = "Spring Boot") String name) {
        return String.format("Hello %s!", name);
    }
}
```

【说明】@RequestMapping 注解提供路由信息，将来自浏览器的 http 的访问"/hello"映射为 hello()方法，@RequestParam 注解定义了一个查询参数，参数名为 name，参数默认值为"Spring Boot"。

【技巧】@RequestParam 注解的 value 属性值与方法参数同名时，可省略 value 属性。

5.2.4　启动运行 Spring Boot 应用

选中项目，右击，在弹出的快捷菜单中选择 Run As→Spring Boot App。或者选中应用入口程序，单击工具栏中的 Run 图标▶。在控制台会显示运行提示信息，如图 5-5 所示，可以看出，Tomcat 运行在 8080 端口。

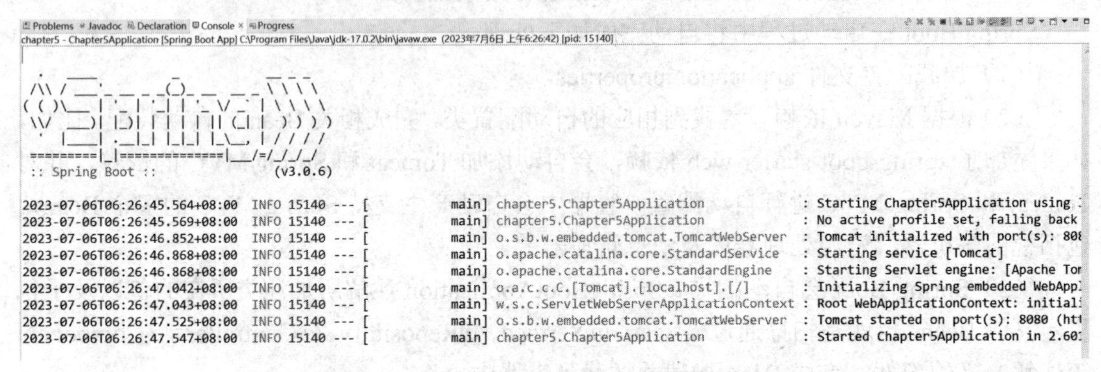

图 5-5　运行 Spring Boot 应用的控制台显示内容

在浏览器地址栏中输入网址 http://localhost:8080/hello 访问应用服务，可看到如图 5-6 所示的显示结果。这里在地址栏中未提供 name 参数，则 name 取值为默认值“Spring Boot”。

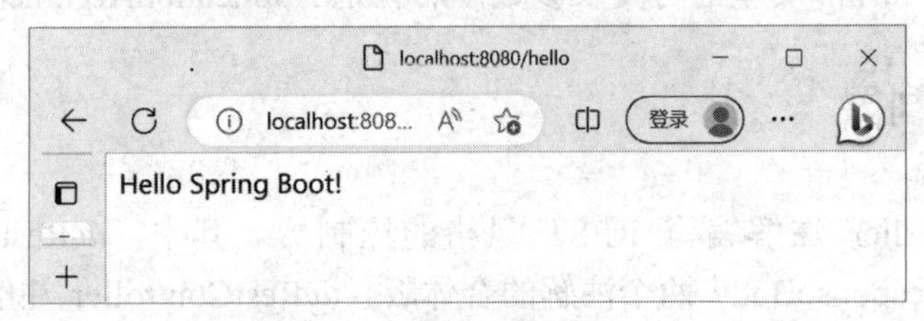

图 5-6　用浏览器访问应用

【思考】用 http://localhost:8080/hello?name=world 进行访问，结果如何？

5.2.5　应用开发部署的其他问题

1．静态资源的存放位置

静态资源包括 HTML 网页、图片资源、样式文件等，通常将不同类型的静态资源存放在一个特定名字的子文件夹中，如图片放置在 images 文件夹中。对于静态资源的访问，默认情况下，Spring Boot 从类路径下的以下几个目录路径去查找文件资源：① /static；② /public；③ /resources；④ /META-INF/resources；⑤ ServletContext 的根目录。

2．应用打包

Spring Boot 支持 Maven 和 Gradle 等打包管理技术。它允许打包执行.jar 文档，在本地运行应用程序。

（1）进入应用工程位置所在路径，运行以下 mvn 命令可产生工程的 jar 包。

```
mvn clean package
```

在 STS 环境中执行 mvn install 命令也可产生工程的 jar 包。

（2）进入工程的 target 目录，可看到产生的.jar 文件，假设改名为 my.jar。

（3）修改 DOS 的当前目录为应用的 target 目录，使用如下命令执行 jar 程序。

```
java -jar my.jar
```

可以看到 Spring Boot 程序的启动执行，显示内容和 STS 环境中控制台的一致。

5.3　Spring 控制器和浏览器的交互接口

Spring 控制器与浏览器之间的交互可以通过系列接口对象来完成。利用 HttpServletRequest 接口获取来自浏览器的请求信息；利用 HttpSession 接口获取用户的会话状态信息；利用 HttpServletResponse 接口设置给浏览器的响应信息。

5.3.1　HttpServletRequest 接口

HttpServletRequest 接口对应 JSP 的 request 对象，用于获取 HTTP 请求提交的数据。HttpServletRequest 接口的最常用方法是 getParameter("参数名")，该方法不仅可获取客户表单提交的输入信息，还可获取通过超链接传递的某个 URL 参数的信息。

另外，与获取请求参数相关的还有其他几个方法，说明如下。

- Enumeration getParameternames()：取得所有参数名称。
- String[] getParameterValues(String name)：取得名称为 name 的参数值集合，获取表单中复选框的数据时可以用此方法。
- Map getParameterMap()：获取所有请求参数名和参数值组成的 Map 对象。

HttpServletRequest 接口的其他常用方法如下。

- Cookie [] getCookies()：取得与请求有关的 Cookies。
- String getContextPath()：取得 Context 路径（也即“/应用名称”）。
- String getMethod()：取得 HTTP 的方法（GET、POST）。
- String getRemoteAddr()：取得客户机的 IP 地址。
- String getRemoteHost()：取得客户机的主机名称。
- void setAttribute(String name, Object value)：设置请求的某属性的值。
- Object getAttribute(String name)：取得请求的某属性的值，可以在 JSP 文件中用该方法获取来自模型设置的数据。
- void setCharacterEncoding(String encoding)：设定字符编码格式，用来解决数据传递中文的问题。

- String getCharacterEncoding()：获取请求的字符编码方式。
- String getRemoteUser()：获取 Spring 安全登录的账户名。
- HttpSession getSession()：返回与请求关联的当前 Session。

5.3.2　HttpSession 接口

HttpSession 接口对应 JSP 的 Session 对象，用于存储一个用户的会话信息。该接口对象保存的属性值可以是任何可序列化的 Java 对象。

HttpSession 接口的常用方法如下。

- Object getAttribute(String name)：获取 name 会话对象的属性值。
- void setAttribute(String name,Object value)：设置 name 会话对象的属性值。
- String getId()：获取会话 ID。
- ServletContext getServletContext()：返回当前会话的应用上下文环境。

【技巧】 Session 是实现 Web 应用中用户状态信息保存并在页面间进行信息传递的一种常用方法。除此之外，实现页面间信息传递的手段还有使用 Cookies、使用 URL 参数或路径变量、使用表单的隐含域等。

5.3.3　HttpServletResponse 接口

HttpServletResponse 接口对应 JSP 的 response 对象，负责将服务器端的数据发送回浏览器的客户端，主要用于向客户端发送数据，如 Cookie、HTTP 文件头等信息。

HttpServletResponse 接口的常用方法如下。

- void addCookie(Cookie cookie)：将新增 Cookie 写入客户端。
- void sendRedirect(String url)：页面重定向到某个 URL。
- void setHeader(String name,String value)：给 HTTP 响应头的指定项目设置值。
- PrintWriter getWriter()：返回打印输出流，用户给客户浏览器输出响应信息。

例如，以下程序从一个登录页面获取用户名和密码，将用户名记录在 Session 中，后续请求处理中显示 Session 中记录的用户名。图 5-7 为登录失败的情形。此例目的是演示本小节所介绍的各种接口类型的对象的具体用法。

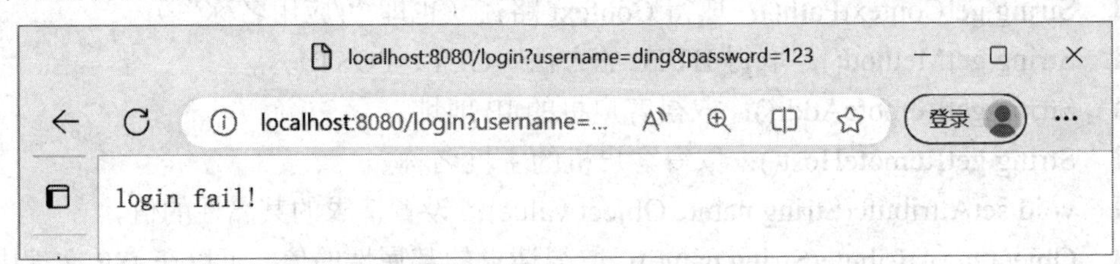

图 5-7　服务端通过系列接口对象与浏览器交互

【程序清单——文件名为 UserController.java】

```
@Controller
```

```
public class UserController {
    @RequestMapping("/login")
    public void login(HttpServletRequest request, HttpServletResponse response) {
        String user = request.getParameter("username");
        String password = request.getParameter("password");
        request.getSession().setAttribute("username", user);        //数据写入 Session
        try {
            if (password.equals("123456"))
                response.sendRedirect("/loginsuccess");              //重定向请求
            else
                response.getWriter().print("login fail!");
            } catch (IOException e) {
                e.printStackTrace();
        }
    }

    @RequestMapping("/loginsuccess")
    @ResponseBody
    public String login(HttpSession session) {
        String res = (String) session.getAttribute("username");      //读取 Session 数据
        return "你的用户名是" + res;
    }
}
```

【说明】@ResponseBody 注解的方法的返回结果不会被解析为跳转路径，而是直接写入 HTTP 响应的内容中，返回 JSON 风格的结果。

对于登录成功情形，实际上对控制器有两次请求访问，第一次针对 URI 为/login 的映射，通过 URL 参数提供用户名和密码；第二次针对 URI 为/loginsuccess 的映射。

【技巧】这里 URL 重定向采用 HttpServletResponse 接口对象的 sendRedirect()方法实现。实际上，实现 URI 重定向的更为常用办法是将@RequestMapping 注解方法的返回类型设定为字符串，在方法中将 return 语句写成 return "redirect://loginsuccess"。

5.4　Servlet 过滤器

过滤器（Filter）是小型的 Web 组件，在运行时由 Servlet 容器调用，用来拦截和处理请求和响应。Filter 主要用于对 HttpServletRequest 的请求进行预处理，也可对 HttpServletResponse 的响应进行后处理。一个请求和响应可被多个 Filter 拦截。过滤器广泛应用于 Web 处理环境，以下为常见的 Filter。

- 用户授权的 Filter：负责检查用户的访问请求，过滤非法的请求。
- 日志 Filter：记录某些特殊的用户请求。
- 负责解码的 Filter：对非标准编码的请求进行解码。

在 Spring Boot 3 中编写 Servlet 过滤器类都必须实现 jakarta.servlet.Filter 接口。接口中含有以下三个方法。

- init(FilterConfig cfg)：Servlet 过滤器的初始化方法。
- doFilter(ServletRequest, ServletResponse,FilterChain)：完成实际过滤操作，FilterChain 参数用于访问后续过滤器。
- destroy()：Servlet 容器在销毁过滤器对象前调用该方法，用于释放 Servlet 过滤器占用的资源。

以下为用户自编的一个简单过滤器的实现。

【程序清单——文件名为 FilterTest.java】

```
@WebFilter(urlPatterns = "/*")
public class FilterTest implements Filter {
    public void destroy() { }                                          //应用关闭时调用

    public void doFilter(ServletRequest arg0, ServletResponse arg1, FilterChain arg2) {
        try {
            System.out.println("自编过滤器正在执行");
            arg2.doFilter(arg0, arg1);                                 //继续其他过滤流程
        } catch (Exception e) {   System.out.println(e); }
    }

    public void init(FilterConfig arg0) throws ServletException {      //应用启动时调用
        System.out.println("start");
    }
}
```

【说明】@WebFilter 注解是 Servlet 3.0 的规范。除了这个注解，还需在配置类前加另外一个注解——@ServletComponentScan，用于指定扫描 Servlet 部件的包路径。例如：

```
@ServletComponentScan("chapter5")
```

第 5 章课件

第 5 章习题

第 5 章代码

第 6 章　Spring MVC 编程

MVC（model-view-controller，模型-视图-控制器）是受到大众喜爱的软件开发模式，它将 Web 应用程序开发按照模型层、视图层、控制层进行分解，系统各部分责任明确、接口清晰。由于视图层和业务层分离，改变应用程序的数据层和业务层规则变得更加容易，便于开发人员进行角色分工，实现分层及并行开发，有利于软件复用和重构，以及系统的维护和扩展。本章采用 Spring Boot 推荐的 Thymeleaf 视图解析进行视图设计。

6.1　Spring MVC 的工作过程

MVC 开发模式中，模型（model）用来表达应用的业务逻辑，Spring 通常用 HashMap 存储模型信息；视图（view）用来表达应用界面；控制器（controller）主要是接收用户请求，依据不同的请求，执行对应业务逻辑，选择适合的视图返回给用户。

Spring MVC 的工作过程如图 6-1 所示。

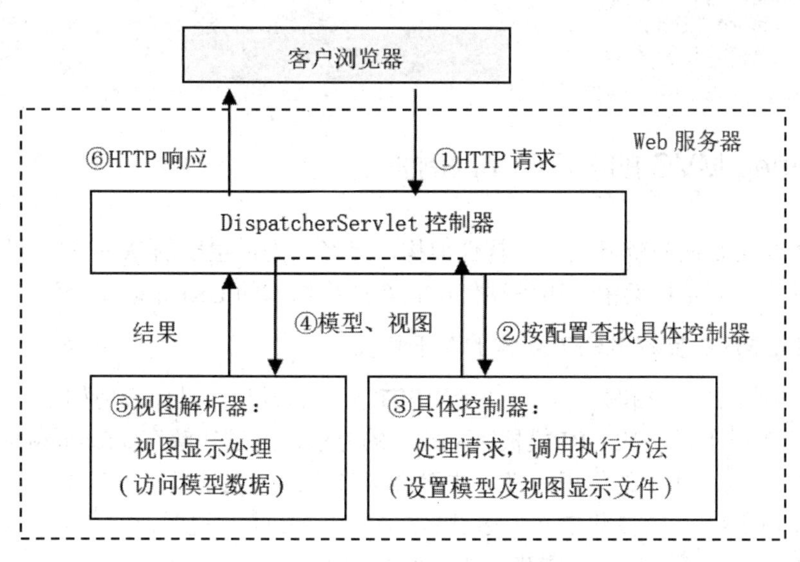

图 6-1　Spring MVC 的工作过程

① Spring 通过 DispatcherServlet 这个特殊的控制器处理用户的请求，可以称其为总控制器。

② 总控制器根据配置信息和访问请求信息进行控制分派，由映射处理器（HandlerMapping）根据请求找到对应的处理适配器（HandlerAdapter），每个具体控制器会包装为一个处理适配器，如此方便支持多种类型的处理器。

③ 通过执行具体控制器的方法设置模型和视图。

④ 将模型和视图（ModelAndView 对象）传递给视图解析器。

⑤ 视图解析器定位到视图文件进行解析处理。

⑥ 将解析处理结果通过 HTTP 响应返回给客户浏览器。

Spring 中进行 MVC 编程需要对应用环境进行一些配置，具体配置形式有 XML 配置、注解配置或者通过 Java 代码进行配置。

Spring Boot 由于有自动配置功能，要支持 MVC 编程只需在项目 pom.xml 文件中添加 spring-boot-starter-web 和某种视图解析的依赖项。

6.2 Spring MVC 控制器

Spring MVC 框架通过@Controller 注解定义控制器，@RequestMapping 注解把一个 URI 映射到一个方法。以下代码定义了当请求访问应用的根路径（“/”）时将执行 home()方法，方法返回的字符串作为视图文件名，视图文件的扩展名取决于应用配置。

```
@Controller
public class HomeController {
    @RequestMapping(value = "/", method = RequestMethod.GET)
    public String home() {
        return "home";
    }
}
```

6.2.1 Spring MVC 的 RESTful 特性

REST 的含义是面向资源表示的软件架构，已经成为最主要的 Web 服务设计模式。在 REST 风格的资源表示框架中，服务端使用具有层次结构的 URI 来表示资源。

1. Spring MVC 支持 REST 架构的若干特征

Spring 控制器的请求和处理风格符合 REST 架构的设计，具体表现如下。

- ❑ 具有 REST 风格的 URI 模板。Spring 的方法前通过注解符@RequestMapping 定义 URI 模板，URI 的标识定义形式符合 REST 路径表示风格。对于路径标识中的变量，可在方法的参数定义中通过@PathVariable 进行说明，并在方法中引用。
- ❑ 支持内容协商。Spring 提供了丰富的内容表现形式，可采用 HTML、XML、JSON 等类型，符合 REST 风格中由使用者决定表示形式的特征。一般通过 HTTP 请求头的 Accept 标识的应用类型、请求文件标识的类型、URI 参数等内容来识别资源表示。在 HTTP 响应消息中通过 Content-Type 给出响应消息的类型。
- ❑ 支持 HTTP 方法变换。REST 将 HTTP 请求分为 GET、PUT、POST 和 DELETE 四种情形，而 HTML 仅支持 GET 和 POST 两种方法。为了实现方法请求动作的转换，可将实际请求的动作信息作为附加参数或通过表单的隐含域传递给方法。

在处理请求的控制器中可根据其方法参数进行过滤处理。

2．URI 的规划设计问题

在进行访问 Mapping 设计时要对 URI 做好规划，这对以后安全设计中安排 ACL 控制会有很大的帮助。URI 模板允许在 URI 中包含嵌入变量（通过花括号标注）。URI 模板通过把 URI 路径的某一字段设置为路径变量的方式来区别不同的资源，例如:

URI 模板：/users/{user}/orders/{order}

对应的 URI：http://localhost/myapp/users/ding/orders/623835

其中，{user}、{order}代表路径变量，通过给 URI 模板匹配不同路径变量，可以实现用同一模板发布不同资源。

在 URI 设计中，建议的 URI 规则如下。

（1）用路径变量来表达层次结构：

```
{Domain}[/{SubDomain}]/{BusinessAction}/{ID}
```

比如：

```
hotels/bookings/cancel/{id}
```

（2）用逗号或者分号来表达非层次结构，如：

```
/parent/child1;child2
```

（3）用查询变量表达算法参数的输入，如：

http://www.google.cn/search?q=REST&start=30

在 URI 模板定义中还可以使用通配符，具体含义如表 6-1 所示。

表 6-1　URI 模板定义中通配符的使用

通　配　符	描　　述	样　　例
?	匹配单个字符	/page/t?st.html 匹配/page/test.html
*	匹配一个路径片段中零到多个字符	/book/*/ver 匹配/book/java/ver，但不匹配/book/java/spring/ver
**	匹配零到多个路径片段	/resources/**匹配/resources/images/x.png
{*path}	匹配零到多个路径片段，将其作为 path 值	/resources/{*image}匹配/resources/img/x.gif 并将 img/x.gif 作为 image 值
{name:[a-z]+}	匹配正则式[a-z]+的符号串作为 name 值	/projects/{project:[a-z]+}匹配/projects/spring，将 spring 作为 project 值

6.2.2　与控制器相关的注解符

在 MVC 控制器的代码设计中，Spring 提供了一系列注解符实现相关对象的注入，借助这些注解符可获取与 HTTP 请求和响应相关的信息，如表 6-2 所示。

表 6-2　控制器程序编写中常用注解符

注　解　符	含　　义
@Controller	表示该类为一个控制器
@RequestMapping	定义映射方法的访问规则。其所标注方法的参数用来获取请求输入数据，方法的返回产生响应
@RequestParam("name")	作为方法参数，获取 http 请求中请求参数的值
@PathVariable("name")	作为方法参数，获取 URI 路径变量的值
@RequestHeader("name")	作为方法参数，获取 http 请求头的值，如通过 Accept-Language 得到浏览器使用的语言类型
@CookieValue("name")	作为方法参数，访问 Cookie 变量
@SessionAttributes("name")	作为方法参数，访问 Session 对象
@RequestBody	作为方法参数，获取 http 请求体
@ResponseBody	加在方法前，定义方法的返回为 http 响应消息

Spring 实现了方法级别的拦截，一个方法对应一个 URI，并可以有灵活的方法参数和返回值。RequestMapping 也可以用于类前面，用于定义统一的父路径，而在方法前面@RequestMapping 则要给出子路径。例如：

```
@Controller
@RequestMapping("/users/*")
public class AccountsController {
    @RequestMapping("active")
    public @ResponseBody List<Account> active( ) { …… }
}
```

等价于以下定义：

```
public class AccountsController {
    @RequestMapping("/users/active")
    public @ResponseBody List<Account> active() { ……}
}
```

因为 Spring 在进行 Mapping 匹配检查时，先检查是否有类 Mapping 匹配，再找方法上的 Mapping，所以把基本的 Mapping 放在类上面可以提高匹配效率。

其他类型的标准对象，如 HttpServletRequest、HttpServletResponse、HttpSession、Principal、Locale、Model 等也可在控制器的方法参数中声明，这些对象将自动完成依赖注入。实际上，只要容器中存在相应类型的 Bean 均可通过方法参数注入。

6.3　视图解析器（ViewResolver）

Spring 提供了视图解析器实现对模型数据的显示处理，Spring 内置了对 JSP、Velocity、FreeMarker 和 XSLT 等视图显示模板的支持。Spring Boot 推荐采用 Thymeleaf 作为视图解析器。Thymeleaf 是新一代 Java 模板引擎，与 Velocity、FreeMarker 等传统 Java 模板引擎不同，Thymeleaf 支持 HTML 原型，其文件后缀为.html，它可以直接被浏览器打开，此时浏览器会忽略 Thymeleaf 标签属性，展示 Thymeleaf 模板的静态页面效果。当通过 Web 应用程序访问时，Thymeleaf 会动态地替换静态内容，使页面动态显示。

用 Thymeleaf 作为视图解析构建 MVC 应用，要在项目 pom.xml 文件中添加如下依赖项。

```
<dependency>
    <groupId>org.springframework.boot</groupId>
    <artifactId>spring-boot-starter-thymeleaf</artifactId>
</dependency>
```

6.3.1 Thymeleaf 简介

使用 Thymeleaf 作为视图解析，要在 HTML 文件的首行添加 Thymeleaf 标识。

```
<html xmlns:th="http://www.thymeleaf.org">
```

表 6-3 列出了 Thymeleaf 的常用标签的作用与使用示例。

表 6-3　Thymeleaf 的常用标签

标　签	作　用	使 用 示 例
th:id	替换 id	<input th:id="${user.id}"/>
th:text	替换文本	<p th:text="${user.name}">张三</p>
th:utext	支持 html 内容替换	<p th:utext="${htmlcontent}">内容</p>
th:object	替换对象	<div th:object="${user}"></div>
th:value	替换值	<input th:value="${user.name}" >
th:attr	替换属性	<input th:attr="id=${cityId}">
th:each	循环迭代	<tr th:each="user:${userlist}" >
th:href	替换超链接	<a th:href="@{index.html}">超链接</a>
th:src	替换资源	<script type="text/javascript" th:src="@{my.js}"> </script>

1．Thymeleaf 支持的表达式

Thymeleaf 模板引擎支持多种表达式。

（1）链接表达式：@{…}。

在 Thymeleaf 中，如果想引入链接，如 link、href、src，可使用@{资源地址}引入资源。其中，资源地址可以是 static 目录下的静态资源，也可以是来自互联网的资源等。

① 引入 CSS 样式文件。

```
<link rel="stylesheet"   th:href="@{main.css}">
```

② 引入 JavaScript 文件。

```
<script type="text/javascript"   th:src="@{index.js}"></script>
```

③ 表达超链接地址。

```
<a th:href="@{index.html}">超链接</a>
```

④ 表达表单动作地址。

```
<form   th:action="@{/user/login}"   method="post">
</form>
```

很多情况下，资源地址的内容需要通过表达式动态计算得到。

【技巧】使用@对超链求值中，URL 参数可以在圆括号中完成参数赋值。例如：

```
<a th:href="@{/showPageProblem(page=${page.pageNum+1})}">
```

以下两种对表单的 action 属性赋值的表达效果等价：

```
<form   th:attr="action=@{'/processanswer/'+${problem.id}}"   method="POST">
<form   th:action="@{'/processanswer/'+${problem.id}}" method="POST">
```

（2）变量表达式：${...}。

在 Thymeleaf 中可以通过${…}获取值。

① 获取简单变量的值。

使用${变量名}可以获取简单模型变量的值。特别地，在 Thymeleaf 标签外可以使用两组中括号的方式来获取模型变量的值。

```
<p> [[${name}]] </p>
```

【技巧】在 Thymeleaf 中可通过 th:with 标签来定义变量并给变量赋值。变量的作用域可以通过 th:block 标签来限制，结束位置安排</th:block>标签。

以下代码定义变量 k 并给其赋循环的计数值。其中，itemStat 为来自 th:each 标签的一个统计变量。循环中可以用${itemStat.count}获得计数值，随着循环的进行，计数值从 1 开始递增。因此，变量 k 也会自动增值。

```
<tr th:each="problem,itemStat:${mylist}">
<th:block th:with="k=${itemStat.count}">
```

赋值定义好的变量可以在页面中被引用。例如，以下代码通过调用 strings 工具对象的 substring()方法来从字符串中取一个子串。注意，这里的字符串可以用单引号括起来。随着 k 值变化，会获取不同的中文数字字符。

```
[[${#strings.substring('一二三四', k-1,k)}]]
```

② 获取对象属性。

获取某个对象的属性可用${对象名.对象属性}或者${对象名['对象属性']}来取值。

```
<p   th:text="'名字是：'+${user.username}" />
<p   th:text="'年龄是：'+${user['age']}" />
```

③ 遍历列表。

遍历列表需要用到 th:each 标签，假设 mylist 为 List 类型的模型变量。如果用表格来显示数据，可以将 th:each 标签添加到<tr>标记上。

```
<table border="1">
    <tr th:each="item:${mylist}">
        <td th:text="${item}"></td>
    </tr>
</table>
```

除了提供 th:each 标签用于表达循环，Thymeleaf 还提供了 th:if、th:unless、th:switch 等标签来表达处理条件判断和多分支的情形。

④ 遍历 Map。

设 map 为 Map 类型的变量，获取某个名称的关键字的值可用${map['keyName']}、${map.keyName}和${map.get('keyName')}几种形式。

遍历 Map 可用 th:each="item:${map}"标签，然后用 item.key 和 item.value 获得 Map 项的关键字名和关键字值。以下代码在 HTML 表格中显示 Map 的所有关键字和值。

```
<table  border="1">
    <tr th:each="item:${map}">
        <td th:text="${item.key}"></td>
        <td th:text="${item.value}"></td>
    </tr>
</table>
```

（3）选择变量表达式：*{...}。

选择变量表达式*{...}用于针对选定对象，用 th:object 属性选定对象。以下代码通过层（div）标签选定 user 对象，在层内用*{username}访问的变量就是针对 user 对象的属性。

```
<div th:object="${user}">
    <p>Name: <span th:text="*{username}"></span></p>
    <p>Age: <span th:text="*{age}"></span></p>
</div>
```

（4）消息表达式：#{...}。

表达式#{…}用来读取配置文件中的属性值，通常称为消息表达式，也称为国际化表达式。假设 application.properties 有如下内容：

```
match.name=张三
province=江西
```

在 Thymeleaf 中可用以下方法读取配置信息。

```
<p  th:text="#{match.name}"></p>
<p  th:text="#{province}"></p>
```

2．Thymeleaf 的内置对象

变量表达式中还可使用 Thymeleaf 的内置对象，包括内置基本对象和内置工具对象。

实际应用中工具对象比基本对象使用更多。

（1）Thymeleaf 的内置基本对象。

内置基本对象包括#ctx（代表上下文对象）、#locale（代表上下文的语言环境）、#request（代表 HttpServletRequest 对象）、#response（代表 HttpServletResponse 对象）、#session（代表 HttpSession 对象）、#servletContext（代表 ServletContext 对象）。

其中，#request、#response、#session、#servletContext 四个对象仅适用于 Web 应用环境。

例如，${#session.getAttribute('id')}可以获取 Session 的 id 属性值。用${#session.id}的表达形式也可获取 session 的 id 属性。

又如，${#request.getContextPath()}用来获取应用的路径。

（2）Thymeleaf 的内置工具对象。

常用的内置工具对象如下。

- strings：字符串工具对象，常用方法有 equals()、equalsIgnoreCase()、length()、trim()、toUpperCase()、toLowerCase()、indexOf()、substring()、replace()、startsWith()、endsWith()、contains()和 containsIgnoreCase()等。
- numbers：数字工具对象，常用方法有 formatDecimal()等。
- bools：布尔工具对象，常用方法有 isTrue()和 isFalse()等。
- arrays：数组工具对象，常用方法有 toArray()、length()、isEmpty()、contains()等。
- lists/sets: List/Set 集合工具对象，常用方法有 toList()、size()、isEmpty()、contains()、containsAll()和 sort()等。
- maps：Map 集合工具对象，常用方法有 size()、isEmpty()、containsKey()和 containsValue()等。
- dates：日期工具对象，常用方法有 format()、year()、month()、hour()等。
- uris：用于 URL/URI 内容转义，常用方法有 escapePath()、unescapePath()等。

例如，${#strings.equals('张三', name)}用来判断变量 name 的值是否等于“张三”；${#lists.sort(list)}用来表达对 list 列表变量的内容进行排序后的结果。

6.3.2 利用 Spring MVC 实现简单答疑应用

以网上答疑应用为例，学生在网上提交问题，老师针对问题进行回答。每个问题包括提问和解答，还添加一个问题编号的属性。由于还没介绍数据库访问处理，在控制器中用列表集合来存储所有提问数据。

1. 定义实体

Question 是表示一条答疑信息的实体类，其中问题编号（id）的值自动递增。

【程序清单——文件名为 Question.java】

```
@Data
public class    Question {
    static int initid =100;             //初始问题编号值为 100
```

```
    String ask;                                  //提问内容
    String answer;                               //解答内容
    int id;                                      //问题编号

    public Question(String ask, String answer) {
        this.ask = ask;
        this.answer = answer;
        id = initid++;
    }
}
```

2．控制器设计

【程序清单——文件名为 AskController.java】

```
@Controller
public class  AskController {
    List<Question> questions = new ArrayList<>();  //所有提问列表

    //对应用根的访问，将显示所有提问及解答情况
    @RequestMapping(value="/",method=RequestMethod.GET)
    public String root(Model m){
        m.addAttribute("problems", questions);       //模型存放所有提问
        return "askpage";
    }

    //用户提交新提问后的处理
    @RequestMapping(value="/process*",method=RequestMethod.POST)
    public String askProcess(Model m,@RequestParam("ask") String  ask) {
        questions.add(new Question(ask,null));       //进行提问登记
        m.addAttribute("problems", questions);
        return "askpage";
    }

    //针对某问题让用户进入解答页面
    @RequestMapping(value="/youranswer/{id}",method=RequestMethod.GET)
    public String ans(Model m,@PathVariable("id") int id) {
         for (Question q:questions)
             if (q.getId() ==id) {
                 m.addAttribute("question", q);      //模型存放要解答的问题
                 break;
             }
        return "answerpage";
    }

    //针对某问题提交解答后的处理
    @RequestMapping(value="/processanswer/{id}",method=RequestMethod.POST)
    public String ansProcess(Model m,@PathVariable("id") int  id,
             @RequestParam("myans") String answer ) {
         for (Question q:questions)
```

```
            if (q.getId() ==id) {
                q.setAnswer(answer);                    //解答登记
                break;
            }
        m.addAttribute("problems",questions);
        return "askpage";
    }
}
```

【说明】在 MVC 设计中要注意模型和视图的配合，模型里存放的内容取决于视图显示时需要哪些内容。askpage 视图中要显示所有提问，相应模型变量中存入所有提问。answerpage 视图中只需显示某个提问，相应模型变量保存单个提问。

3．显示视图设计

（1）提问界面的显示视图。

【程序清单——文件名为 askpage.html】

```
<html xmlns:th="http://www.thymeleaf.org">
<body>
<div th:each="question:${problems}">
<pre><a th:href="@{'/youranswer/'+${question.id}}">
<span th:text="${question.ask}"></span></a>
<div th:if="${question.answer}!=null">
解答：<span th:text="${question.answer}"></span>
</div></pre>
</div>
<form action="/process" method="post">
 <label for="name">提问</label>
<textarea class="form-control" name="ask" rows=5 cols=50></textarea>
<button type="submit" >提交</button>
</form>
</body></html>
```

【说明】在该视图中，上面部分显示所有提问信息，当某个提问存在解答时要显示解答内容。底部提供一个输入表单供用户输入新的提问，如图 6-2 所示。

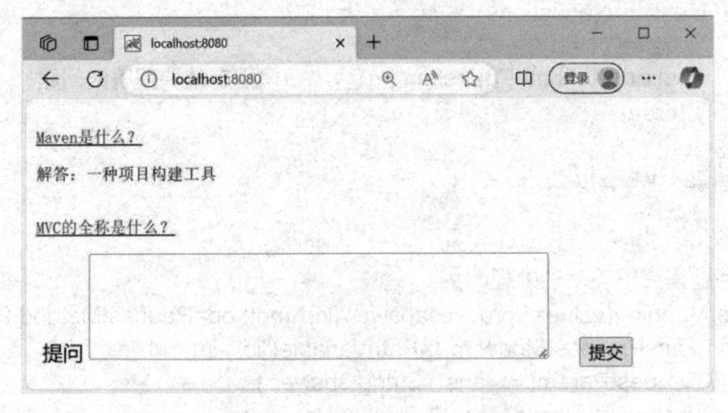

图 6-2　答疑应用的提问界面

此例展示了 URL 传递信息的两种典型方法：一种通过路径变量，另一种通过查询参数。

【注意】保存所有提问的列表存放在 problems 这个模型变量中，视图文件中可以利用 th:each 标签循环遍历这个列表。程序中 th:each 标签作用于<div>标记上，也就是这个<div>及内容将随循环出现多次。判定问题是否有回答的 th:if 标签所作用的<div>及内容则是在满足条件时才会出现。

（2）解答问题界面的显示视图。

解答问题页面将显示一个表单让用户填写回答内容。代码中要特别注意表单的 action 属性的拼接处理。

【程序清单——文件名为 answerpage.html】

```
<html xmlns:th="http://www.thymeleaf.org">
<body>
<p th:text="${question.ask}"></p>
<form th:action="@{'/processanswer/'+${question.id}}"   method="POST">
回答:<textarea name="myans" rows=5 cols=50 th:text="${question.answer}">
</textarea>
<p><input type="submit" value=" 提 交 "></p>
</form>
</body>
</html>
```

6.4　用 Spring MVC 实现文件上传

文件上传是指在客户端将本地的文件通过 HTTP 协议发送到服务器端的过程。Spring Boot 中可使用 Spring MVC，通过 MultipartResolver 解析器实现文件上传功能。

6.4.1　文件上传表单

在用户输入界面中提供文件上传表单。表单的 action 参数指定相应控制器的 URI。设置页面中请求表单的 enctype 属性为 multipart/form-data，在表单中通过类型为 file 的输入元素选择上传文件，表单的提交方法为 POST。

【程序清单——文件名为 upload.html】

```
<form method="post" action="uploadfile" enctype="multipart/form-data">
<input type="file" name="file"/>
<input type="submit"/>
</form>
```

6.4.2　文件上传处理控制器

在处理上传请求的控制器中，通过 MultipartFile 类型的参数对象获取上传文件数据信息。以下为 MultipartFile 的两个常用方法。

- ❑ byte[] getBytes()：获取上传文件的数据内容。
- ❑ String getOriginalFilename()：获取上传文件的文件名。

假定上传的文件保存到 d:/images 文件夹下，保存的文件名称和原来上传名称相同。注意，控制器的 RequestMapping 映射的 method 参数为 RequestMethod.POST，通过声明一个 MultipartFile 类型的方法参数绑定到上传的文件。

【程序清单——文件名为 FileUpoadController.java】

```
@RestController
public class FileUpoadController {
    @RequestMapping(value = "/uploadfile", method = RequestMethod.POST)
    public String handleFormUpload(@RequestParam("file") MultipartFile file) {
        if (!file.isEmpty()) {
            String path = "d:/images/";                              //文件上传的目标位置
            try {
                byte[ ] bytes = file.getBytes();                     //获取上传数据
                String myfile=path + file.getOriginalFilename();     //获取文件名
                FileOutputStream fos = new FileOutputStream(myfile);
                fos.write(bytes);                                    //将数据写入文件
                fos.close();
            } catch (IOException e) { return "uploadFailure"; }
            return "uploadSuccess";
        } else
            return "uploadFailure";
    }
}
```

【说明】程序中利用 MultipartFile 对象的 getBytes()方法获取上传数据，数据写入文件借助 FileOutputStream 对象的 write()方法实现。

6.5　基于 MVC 的网上个人文档空间

在网上给用户提供存储空间应用于许多应用中。本应用允许用户将文件上传到服务器上自己的文件夹下面，从而方便用户保存各类作品，相当于拥有自己的虚拟网盘。

为支持较大文件的上传，在属性文件 application.properties 中添加如下内容。

```
spring.servlet.multipart.max-file-size=200MB
```

6.5.1　控制器的设计

在 Spring Boot 中，针对控制器的 Mapping 方法的编写提供了简写的表达形式。对于加载在类前面的公共 Web 端点，仍用@RequestMapping 进行定义。在各个方法前的@RequestMapping 注解可以被下面的新注解替代，它们的名字表明了其请求类型。

- @GetMapping：用于处理 HTTP GET 类型请求映射。
- @PostMapping：用于处理 HTTP POST 类型请求映射。
- @PutMapping：用于处理 HTTP PUT 类型请求映射。
- @DeleteMapping：用于处理 HTTP DELETE 类型请求映射。
- @PatchMapping：用于更新局部资源的请求映射注解。

以下控制器采用新方法表示 Mapping。根据应用功能，设计了如下 URI 模板。

（1）用户目录文档浏览（/docs*）：可浏览用户目录下文件并提供文件上传表单。

（2）上传文件到用户目录（/fileupload）：由表单参数传递文件信息。

（3）删除用户目录下某文件（/filedel*）：由 URL 参数传递要删除的文件名。

（4）下载用户目录下某文件（/downfile*）：由 URL 参数传递要下载的文件名。

在应用编程中，需要解决一个难点问题。通过 URL 参数传递文件名可能遇到由特殊字符所带来的识别错误，需要对请求 URL 中通过参数传递的文件名进行编码处理。

首先，在 Thymeleaf 中用如下代码对文件名用 UTF-8 编码标准进行编码处理。

```
${#uris.escapePath(file,'UTF-8')}
```

然后，在控制器代码中用 URLDecoder 类中的 decode()方法对来自参数 file 的文件名用 UTF-8 标准进行解码处理。

```
try {
    file = URLDecoder.decode(file, "UTF-8");
} catch (UnsupportedEncodingException e) {   }
```

【程序见本章电子文档，文件名为 MydocController.java】

【说明】 读者从本例可以体会到控制器编程设计中的若干技术处理技巧。

（1）实现用户目录下文件列表显示处理的 list()方法返回结果为 ModelAndView 类型，其中包含视图和模型的数据，这是 MVC 编程的另一种处理方法。而 upload()方法和 filedel()方法的返回结果均为字符串"redirect:/docs"，实际效果实现一个 URL 重定向，将请求导向一个相对 URL“/docs”。

（2）在处理文件下载的 downloadfile()方法中利用 HttpServletResponse 的响应输出流将文件中字节数据送客户端，编程要点是 HTTP 响应头的属性设置，这里的响应信息表明是一个文件附件。注意附件名称需要用 UTF-8 进行编码处理，否则在客户浏览器端附件文件名将出现乱码，原因在于大多数浏览器收到附件文件名时会用 UTF-8 进行解码处理。

【注意】 本应用中假定上传的文件保存到 d 盘的 upload 目录的用户个人目录下，每个用户会根据用户名自动建立一个子目录。在实际应用中还需要设计一个登录页面，用户成功登录后将用户名保存在名为 username 的 Session 变量中。

6.5.2 显示视图设计

整个应用只有一个视图文件，视图中提供文件上传表单，并显示用户目录下文件列表，每个文件提供了下载和删除文件的超链接。图 6-3 为具体显示界面。

【程序见本章电子文档，文件名为 filelist.html】

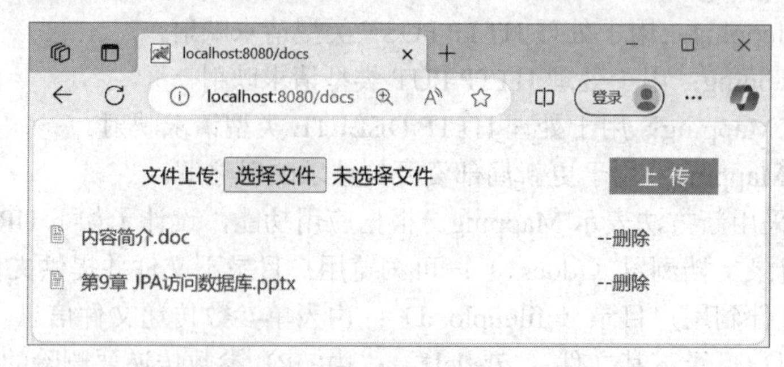

图 6-3　个人文档空间显示界面

第 6 章课件

第 6 章习题

第 6 章代码

第 7 章　自动发送邮件与任务定时

自动发送邮件是 Web 应用系统的一项实用功能。编写邮件发送程序涉及两个重要的内容：邮件消息和邮件发送者。JavaMail 是由 Sun 定义的一套收发电子邮件的 API，不同的厂商可以提供自己的实现类。Spring 框架在 JavaMail 的基础上对发送邮件进行了简化封装。Spring Boot 提供了很简单的办法来实现任务定时调度支持，任务被调度执行的时机通过 cron 表达式来表达。

7.1　Spring 对发送邮件的支持

Spring 为发送邮件提供了一个抽象层，Spring 在 org.springframework.mail 包中定义了 MailMessage 和 MailSender 这两个高层抽象层接口来描述邮件消息和发送者。

Spring 与邮件发送相关的接口和类的继承关系如图 7-1 所示。SimpleMailMessage 只能用于简单文本邮件消息的封装，其他各类邮件的消息包装均使用 MimeMessageHelper 类来处理，该类在创建对象时要提供一个 MimeMessage 对象。

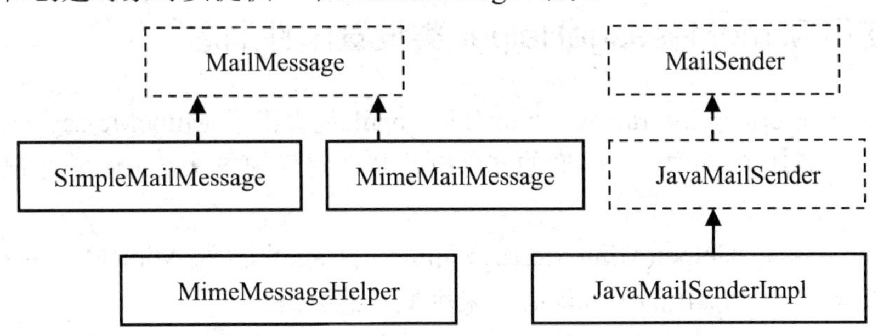

图 7-1　Spring 与邮件发送相关的接口和类

7.1.1　MailMessage 接口

MailMessage 接口描述了邮件消息模型,可通过简洁的属性设置方法填充邮件消息的各项内容。常用方法如下。

- void setTo(String to)：设置主送地址，用 setTo(String[]to)设置多地址。
- void setFrom(String from)：设置发送地址。
- void setCc(String cc)：设置抄送地址，用 setCc(String[] cc)设置多地址。
- void setSubject(String subject)：设置邮件标题。
- void setText(String text)：设置邮件内容。

MailMessage 有两个实现类：SimpleMailMessage 和 MimeMailMessage，其中，SimpleMailMessage 只能用于 TEXT 格式的邮件，而 MimeMailMessage 用于发送多用途邮件。

7.1.2 JavaMailSender 及其实现类

Spring 通过 MailSender 接口的 JavaMailSender 子接口定义发送 JavaMail 复杂邮件的功能，该接口最常用的 send()方法如下，可发送用 MimeMessage 类型的消息封装的邮件。

```
void send(MimeMessage mimeMessage)
```

JavaMailSender 接口还提供了如下两个创建 MimeMessage 对象的方法。

- MimeMessage createMimeMessage()：创建一个 MimeMessage 对象。
- MimeMessage createMimeMessage(InputStream contentStream) throws MailException：根据一个 InputStream 创建 MimeMessage，当发生消息解析错误时，抛出 MailParseException 异常。

JavaMailSenderImpl 是 JavaMailSender 的实现类，它同时支持 JavaMail 的 MimeMessage 和 Spring 的 MailMessage 包装的邮件消息。

JavaMailSenderImpl 提供的属性用来实现与邮件服务器的连接，常用的属性有 host（邮件服务器地址）、port（邮件服务器端口，默认为 25）、protocol（协议类型，默认为 SMTP）、username（用户名）、password（密码）、defaultEncoding（创建 MimeMessage 时采用的默认编码）等。

7.1.3 使用 MimeMessageHelper 类设置邮件消息

Spring 框架在 org.springframework.mail.javamail 包提供了 MimeMessageHelper 类，该类提供了设置 HTML 邮件内容、内嵌的文件以及邮件附件的方法，简化了对 MimeMessage 的内容设置。常用构造方法如下。

- MimeMessageHelper(MimeMessage mimeMessage)：封装 MimeMessage 对象，默认为简单非 multipart 的邮件消息，采用默认的编码。
- MimeMessageHelper(MimeMessage mimeMessage, boolean multipart)：在前一方法基础上，增加指定是否属于 multipart 的邮件消息。
- MimeMessageHelper(MimeMessage mimeMessage, boolean multipart, String encoding)：在前一方法基础上，指定 MimeMessage 采用的编码。

MimeMessageHelper 提供的操作方法比较丰富，可分为两类：一类是指定邮件的各种地址（主送、抄送等）的方法，如 setFrom()、setTo()、setCc()、addTo、addBcc()等；另一类是设置邮件消息内容的方法，包括设置标题、文本内容以及添加附件等的方法。

7.2 利用 Spring Boot 发送各类邮件

在 Spring Boot 项目中，为支持发送邮件，需要引入如下依赖。

```
<dependency>
    <groupId>org.springframework.boot</groupId>
    <artifactId>spring-boot-starter-mail</artifactId>
</dependency>
```

接下来，在 application.properties 配置文件中配置邮箱的参数。以 QQ 邮箱为例：

```
spring.mail.host=smtp.qq.com
spring.mail.username=156343434@qq.com
spring.mail.password=xxxxxx
```

这里的内容要根据具体的邮件服务器的情况进行设置，其中，密码不是账户的密码，而是开启 POP3 之后设置的客户端授权码。用户可按如下步骤来获取该授权码。

（1）打开 QQ 邮箱，单击“设置”超链接。

（2）在显示的页面中单击“账号”选项卡。

（3）在相应页面中开启“POP/SMTP 服务”功能选项。

（4）开启后单击“生成授权码”超链接。

（5）在手机短信验证通过后可得到一个显示授权码的窗口，将授权码复制下来即可。

7.2.1　发送纯文本邮件

纯文本邮件是最简单的邮件，邮件内容由简单的文本组成。以下为 Spring Boot 中实现邮件发送的样例代码。通过设置 JavaMailSenderImpl 对象属性实现与邮件服务器的连接，发送的邮件内容则通过 SimpleMailMessage 消息进行包装。每次启动应用将执行 init()方法中的代码完成邮件发送。

【程序清单——文件名为 MailSendTest.java】

```
@SpringBootApplication
public class MailApplication {
    @Value("${spring.mail.host}")
    private String mailHost;
    @Value("${spring.mail.username}")
    private String mailUsername;
    @Value("${spring.mail.password}")
    private String mailPassword;

    public static void main(String[ ] args) {
        SpringApplication.run(MailApplication.class, args);
    }

    @Bean
    ApplicationRunner init() {
      return e -> {
        JavaMailSenderImpl javaMailSender = new JavaMailSenderImpl();
        javaMailSender.setHost(mailHost);
        javaMailSender.setUsername(mailUsername);
```

```
            javaMailSender.setPassword(mailPassword);
            SimpleMailMessage message = new SimpleMailMessage();
            message.setFrom("156343434@qq.com");          //发送方邮件服务器的账户
            message.setTo("11940212@qq.com");              //接收方邮件账户
            message.setSubject("邮件发送测试");
            message.setText("发送成功,谢谢支持！");
            javaMailSender.send(message);
            System.out.println("邮件已发送!");
        };
    }
}
```

运行该 Spring Boot 程序在控制台显示“邮件已发送!”的信息，在收信方邮箱会收到一封来自发送方邮箱的测试邮件。

7.2.2 发送 HTML 邮件

发送 HTML 邮件必须使用 MimeMessage 创建邮件消息，且需要借助 MimeMessageHelper 来创建和填充 MimeMessage。

```
/* 以下通过 MimeMessageHelper 对消息进行设置 */
MimeMessage message = sender.createMimeMessage();
MimeMessageHelper helper = new   MimeMessageHelper(message ,false,"utf-8");
        //指定编码为 UTF-8，同时标识为非 marltipart 的消息
helper.setFrom("156343434@qq.com");
helper.setTo("person@sina.com");
helper.setSubject("test");
helper.setText("<html><head><meta http-equiv=\"content-type\""+
" content=\"text/html; charset=utf-8\"></head><body>"+
"<font size=5 color=\"red\">Thank you !</font></body></html>",true);
sender.send(message);
```

【**说明**】要设置 setText()方法的第 2 个参数为 true 来指示文本是 HTML。

7.2.3 发送带内嵌（inline）资源的邮件

内嵌文件邮件属于 multipart 类型的邮件，要用 MimeMessageHelper 类来指定，并通过 MimeMessageHelper 提供的 addInline()将文件内嵌到邮件中。内嵌文件的 ID 在邮件 HTML 代码中以特定标志引用，格式为 cid:<内嵌文件 id>。以下为 addInline()方法的形态。

- void addInline(String contentId, File file)：将一个文件内嵌到邮件中，文件的 MIME 类型通过文件名判断。contentId 标识这个内嵌的文件，以便邮件中的 HTML 代码可以通过 src="cid:contentId "引用内嵌文件。
- void addInline(String contentId, InputStreamSource inputStreamSource, String contentType)：将 InputStreamSource 作为内嵌文件添加到邮件中，通过 contentType

指定内嵌文件的 MIME 类型。

- void addInline(String contentId, Resource resource)：将 Resource 作为内嵌文件添加到邮件中，内嵌文件对应的 MIME 类型通过 Resource 对应的文件名判断。

编写含内嵌文件的邮件发送程序，在创建 MimeMessageHelper 对象时，要将第 2 个参数设置为 true，指定属于 multipart 邮件消息。以下为具体样例。

```
MimeMessage message = sender.createMimeMessage();
MimeMessageHelper helper = new MimeMessageHelper(message, true);
helper.setText("<html><body>hello<img src='cid:id1'/></body></html>",true);
FileSystemResource res = new FileSystemResource(new File("d:/warning.gif"));
helper.addInline("id1", res);
sender.send(message);
```

【注意】在查看带内嵌文件的邮件时，有的邮件系统页面会显示提示信息，如“为了保护邮箱安全，内容中的图片未被显示。显示图片 | 总是信任来自此发件人的图片”，这时用户单击“显示图片”超链接可查看图片。

7.2.4　发送带附件（attachments）的邮件

邮件附件与内嵌文件的差异是，内嵌文件显示在邮件体中，而邮件附件则显示在附件区中。MimeMessageHelper 提供了如下 addAttachment()方法指定附件。

```
void addAttachment(String attachmentFilename,File file)
```

以下是发送附件的样例代码。

```
MimeMessage message = sender.createMimeMessage();
MimeMessageHelper helper = new MimeMessageHelper(message, true);
helper.setText("<html><body>test</body></html>",true);
FileSystemResource res = new FileSystemResource(new File("d:/warning.gif"));
helper.addAttachment("warning.gif", res);
sender.send(message);
```

7.3　Spring Boot 中启用任务定时处理

Spring 提供了多种方式来实现任务定时调度，最简单的做法是将@Scheduled 注解添加在方法前面来实现任务定时调度，相应方法将按任务定时安排重复被调度执行。在 Spring Boot 中，在配置类上添加@EnableScheduling 注解就可开启对定时任务调度的支持。

在 Spring Boot 应用启动执行以下代码后，在控制台上可观察到任务定时执行效果。

【程序清单——文件名为 TaskTestApplication.java】

```
@SpringBootApplication
@EnableScheduling
```

```
public class TaskTestApplication {
    public static void main(String[ ] args) {
        SpringApplication.run(TaskTestApplication.class, args);
    }

    @Scheduled(cron = "0/2 * * * * *")    //方法每隔 2 秒执行一次
    public void execute() {
        System.out.println("Task: " + new Date());
    }

    @Scheduled(fixedRate = 3000)          //方法每隔 3 秒执行一次
    public void scheduled1() {
        System.out.println(("hello!" );
    }
}
```

在@Scheduled 注解的属性中，fixedDelay 和 fixedRate 用于表达每间隔一段时间重复执行任务。fixedRate 的间隔时间是从上次任务开始时计时的。fixedDelay 的间隔时间是从上次任务结束时开始计时的。

实际应用一般用 Cron 触发器来进行定时控制。通过 Cron 表达式来指定任务的执行时机。Cron 表达式是一个由 6～7 个字段组成、由空格分隔的字符串，其中前几个字段是必需的，只有最后一个代表年的字段是可选的，各字段的允许值如表 7-1 所示。

表 7-1　Cron 表达式各字段的允许值

字 段 名	允许的值	允许的特殊字符
秒	0～59 的整数	, - * /
分	0～59 的整数	, - * /
小时	0～23 的整数	, - * /
日	1～31 的整数	, - * ? / L W C
月	1～12 的整数或 JAN-DEC	, - * /
星期	1～7 的整数或 SUN-SAT	, - * ? / L C #
年（可选字段）	empty, 1970～2099	, - * /

其中特殊字符的含义如下。

- *：可以用于所有字段，在“分”字段中设为“*”表示“每一分钟”。
- ?：可以用在“日”和“星期”字段，用来指定不明确的值。
- -：指定一个值的范围。比如“小时”字段中"10-12"表示"10 点到 12 点"。
- ,：指定列出多个值。比如在“星期”字段中设为"MON,WED,FRI"。
- /：用来指定一个值的增加幅度。比如"5/15"表示"第 5，20，35 和 50"。在“/”前加"*"字符相当于指定从 0 秒开始。
- L：可用在“日”和“星期”这两个字段，它是 last 的缩写。例如，“日”字段中的"L"表示"一个月中的最后一天"。
- W：可用于“日”字段，用来指定离给定日期最近的工作日（只能是周一到周五）。

- #：可用于“星期”字段。该字符表示“该月第几个周×”，比如"6#3"表示该月第 3 个周五（6 表示周五而"#3"表示该月第 3 个）。
- C：可用于“日”和“星期”字段，它是 calendar 的缩写。它表示基于相关的日历所计算出的值。如果没有关联的日历，那它等同于包含全部日历。比如“日”字段值为"5C"表示"日历中的第一天或者 5 号以后"。

下面给出 Cron 表达式的示例。

"0 0 12 * * ?"表示每天中午 12:00 点触发。

"0 15 9 ? * MON-FRI"表示每个周一、周二、周三、周四、周五的 9:15 触发。

"0 0 8 L * ?"表示每月最后一天的 8:00 触发。

第 7 章课件

第 7 章习题

第 7 章代码

第 8 章　使用 JdbcTemplate 访问数据库

Java 对数据库的访问有多种方式，最基础的办法是利用 JDBC 访问数据库。JDBC 对数据库的操作需要建立连接、关闭连接、异常处理等，总体上编程比较烦琐。Spring 提供的 JdbcTemplate 对数据库的访问处理进行了很好的封装，使用 JdbcTemplate 访问数据库的一个突出特点是不需要建立 Java 对象和数据库表格之间的映射关系，对数据库的访问操作实际上是利用模板提供的方法执行 SQL 语句并对结果进行处理。本章介绍用 Spring 的 JdbcTemplate 实现数据库访问的处理方法，后面章节将介绍 Spring Boot 对数据库的其他访问处理办法。

8.1　使用 JdbcTemplate 进行数据库操作

JdbcTemplate 是对 JDBC 的一种封装，JdbcTemplate 处理了资源的建立和释放，简化了对 JDBC 的编程访问处理，可提高编程效率。

Spring 提供的 JDBC 抽象框架由 core、datasource、object 和 support 四个不同的包组成。

- core 包中定义了提供核心功能的类。JdbcTemplate 是 JDBC 框架的核心包中最重要的类。JdbcTemplate 可执行 SQL 查询，更新或者调用存储过程，对结果集进行迭代处理以及提取返回参数值等。
- datasource 包中含简化 DataSource 访问的工具类及 DataSource 接口的实现。
- object 包由封装了查询、更新以及存储过程的类组成，它们是在 core 包的基础上对 JDBC 更高层次的抽象。
- support 包中含 SQLException 的转换功能和一些工具类。

8.1.1　连接数据库

在 Spring Boot 中，根据属性配置信息进行自动配置，需要加入 JDBC 和 MySQL 处理的依赖关系。

```
<dependency>
    <groupId>org.springframework.boot</groupId>
    <artifactId>spring-boot-starter-jdbc</artifactId>
</dependency>
<dependency>
    <groupId>mysql</groupId>
    <artifactId>mysql-connector-java</artifactId>
    <version>8.0.26</version>
```

```
<scope>runtime</scope>
</dependency>
```

在属性文件 application.properties 中加入 MySQL 数据库的连接配置。

```
spring.datasource.url=jdbc:mysql://localhost:3306/test?serverTimezone=UTC
spring.datasource.username=root
spring.datasource.password=abc123
```

其中，数据库连接配置后面的服务器时区参数是新版 Spring 与 MySQL 数据库连接必须提供的。用户也可选择别的时区参数，不同时区在时间计算上有时差。

Spring Boot 将根据配置自动在容器中创建 JdbcTemplate 的 Bean 对象。应用中可随时通过依赖注入得到该 Bean，从而使用 JdbcTemplate 进行数据库的操作。

8.1.2　实体与业务逻辑

本章示例涉及两个数据库表格。

- ColumnTable（栏目）表的属性比较简单，包括栏目编号（number）、栏目标题（title）。对相关对象的操作主要有两个：一个是获取所有栏目列表集合，另一个是添加栏目。
- userTable（用户）表的属性有用户登录名（username）、密码（password）、Email 地址（emailaddress）、用户姓名（myname）、积分（score）等。对相关对象的操作包括用户注册、登录检查、增减用户积分、读取用户积分。

以下为 MySQL 中针对两个表格的 SQL 建表语句。

```
CREATE TABLE   userTable ( username varchar(30) NOT NULL,
    password varchar(20) NOT NULL,   emailaddress   varchar(30) NOT NULL,
    myname varchar(20) NOT NULL,   score   int(11) DEFAULT NULL,
    PRIMARY KEY (username) )
CREATE TABLE columnTable( number   int(10) NOT NULL, title   varchar(255) DEFAULT '' )
```

其中，代表栏目的表名采用 columnTable，不能用 Column，因为在 MySQL 中，Column 是保留字。

1．代表栏目的实体类

【程序清单——文件名为 Column.java】

```
@Data
public class Column {
    int number;                    //栏目编号
    String title = "";             //栏目的标题
}
```

2．业务逻辑接口

通过接口 ColumnService 定义栏目的操作，这里仅列出了两个方法。

【程序清单——文件名为 ColumnService.java】

```
public interface ColumnService {
    public void insert(String title);                        //新增栏目
    public List<Column> getAll( );                           //获取所有栏目列表
}
```

以下为对用户对象进行操作访问的 DAO 接口。其中定义了四个操作访问方法，分别实现用户注册、用户登录检查、增加用户积分、获取用户积分。

【程序清单——文件名为 UserService.java】

```
public interface UserService {
    public boolean register(String username,String password,String emailAddress,String name);
                                                                //用户注册
    public boolean logincheck(String username,String pass);     //用户登录检验
public void addScore(String username,int score);                //增加用户积分
    public int getScore(String username);                       //读取用户积分
}
```

其中，register()方法和 logincheck()方法的返回结果均为逻辑值，分别在注册和登录成功时返回结果 true。

3．业务逻辑实现

以下是 UserService 接口的具体实现类。这里仅含 jdbcTemplate 属性，各个业务逻辑方法的实现在后面将结合 JdbcTemplate 的功能介绍进行补充。

【程序清单——文件名为 UserServiceImpl.java】

```
@Component
public class UserServiceImpl implements UserService {
    @Autowired
    private JdbcTemplate jdbcTemplate;
    ......
                                                    //具体业务逻辑方法在后面补充
}
```

类似地，读者可自行完成栏目的业务逻辑实现 ColumnServiceImpl 的代码编写。

8.1.3 使用 JdbcTemplate 查询数据库

JdbcTemplate 将 JDBC 的流程封装起来，包括异常的捕捉、SQL 的执行、查询结果的转换等。Spring 除了大量使用模板方法来封装一些底层的操作细节，也大量使用 callback 方式类来回调 JDBC 相关类别的方法，以提供相关功能。如图 8-1 所示，Spring 的数据访问模板类负责提供通用的数据访问功能，也就是数据访问中固定的部分，如事务处理、异常处理和资源管理等。而对于应用程序特定的任务，则会调用自定义的回调对象，这些任务包括参数绑定、结果的处理等。如此，程序员可以专注于自己的数据访问逻辑。

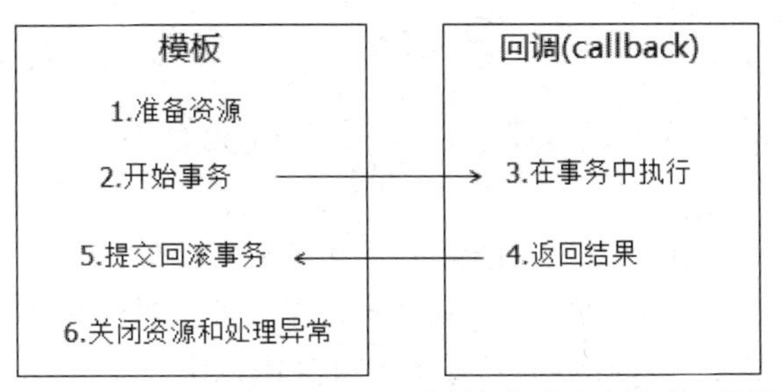

图 8-1　模板和回调的功能划分

1．使用 queryForList()方法将多行记录存储到列表中

对于由多行构成的结果集，JdbcTemplate 的 queryForList()方法方便易用，其返回一个由 Map 构成的列表对象，Map 中存放的是一条记录的各字段。例如：

```
String sql="SELECT * FROM  columnTable";
List<Map<String,Object>>  x = jdbcTemplate.queryForList(sql);
```

要访问第 1 行的栏目标题可以用 x.get(0).get("title")。

2．通过 query()方法执行 SQL 语句，对多行查询结果进行对象封装

对于多行结果，要对查询结果进行进一步处理，可通过 query()方法的回调接口实现。

（1）使用 RowMapper 数据记录映射接口。

回调 RowMapper 接口的 mapRow()方法可处理结果集的每行，并且每行处理后可返回一个对象，所有行返回的对象形成对象列表集合。

获取所有栏目列表的 getALL()方法的具体实现如下。

```
public List<Column> getAll( ){
    List<Column> rows = jdbcTemplate.query ("SELECT * FROM columnTable",
        new RowMapper<Column>() {
          public Column mapRow(ResultSet rs, int rowNum) throws SQLException{
              Column m= new Column();                //创建栏目对象
              m.setTitle(rs.getString("title"));     //根据记录字段值设置栏目属性
              m.setNumber(rs.getInt("number"));
              return m;                              //返回一行的处理结果
          }
        );
    return rows;                                     //返回所有行的处理结果
}
```

有时，查询只关注某个字段的所有取值，则可用如下方法。

```
public static List<String> getName(String table) {
    String sql = "select  distinct  name  from " + table;
    List<String> rows = jdbcTemplate.query(sql, new RowMapper<String>() {
        public String mapRow(ResultSet rs, int rowNum) throws SQLException {
            return rs.getString("name");          //返回一条记录的字段 name 的值
```

```
            }
        });
        return rows;
}
```

（2）使用 RowCallbackHandler 数据记录回调管理器接口。

RowCallbackHandler 接口定义的 processRow()方法可以对结果集的每行分别进行处理，该方法无返回值。前面介绍的 getName()方法也可改用以下方式实现。

```
public static List<String>   getName(String table) {
        String   sql = "select   distinct   name   from " + table;
        final   List<String>   result = new List<String>();       //存放结果的列表
        jdbcTemplate.query(sql, new RowCallbackHandler(){
            public void processRow(ResultSet rs)throws SQLException{
                result.add(rs.getString("name"));                //将字段值加入结果集
            }
        });
        return result;
}
```

3．返回单值结果的查询方法

另有一些查询方法，其执行结果为单个数据值。例如，实现登录检查的 logincheck()方法的功能可通过统计用户表中用户名和密码均匹配的记录数是否大于 0 来实现。

```
public boolean logincheck(String username, String pass) {
        String sql = "Select   count(*) from userTable where username='" + username
                        + "' and password='" + pass + "'";
        return jdbcTemplate.queryForObject(sql, Integer.class) > 0;
}
```

这里，queryForObject()方法将会把返回的 JDBC 类型转换成第 2 个参数所指定的 Java 类。如果类型转换无效，那么将会抛出 InvalidDataAccessApiUsageException 异常。如果无查询结果，会抛出 EmptyResultDataAccessException 异常。

类似地，业务逻辑中的 getScore()方法用于获取用户的得分，其实现代码如下。

```
public int getScore(String username) {
        String sql="Select score from userTable where username='"+username+"'";
        return jdbcTemplate.queryForObject(sql, Integer.class);
}
```

以下是带填充参数的使用情形。

```
String name = jdbcTemplate.queryForObject("SELECT name FROM userTable
     WHERE user_id = ?", new Object[ ] {" user1"}, String.class);
```

如果要改为不含 SQL 填充参数的表达形式，可写成如下形式。

```
String name = jdbcTemplate.queryForObject("SELECT name FROM   userTable
 WHERE user_id =’ user1’ ", String.class);
```

8.1.4　使用 JdbcTemplate 更新数据库

1．完整 SQL 命令串的执行处理

如果 SQL 拼写完整，则可采用只有一个 SQL 命令串参数的 update()方法或 execute()方法。用户业务逻辑 UserServiceImpl 中 addScore()方法可设计为如下形式。

```
public void addScore( String username, int s) {                    //给某用户增加积分
      String sql="update   userTable set score=score+"+s+" where username='"
                    + username + "'";
      jdbcTemplate.update(sql);
}
```

用于添加栏目的 insert()方法的实现如下。

```
public void insert(String title1) {
     String sql = "insert into columnTable(title) "+"VALUES('"+title1+"')";
     jdbcTemplate.execute(sql);
}
```

2．带填充参数的 SQL 语句的执行处理

以下结合 UserService 业务逻辑中 register()和 addScore()方法的实现进行讨论。

（1）通过参数数组填充 SQL 语句中的内容。

```
/ * 根据给定的信息注册一个账户到系统中，注册成功返回 true，否则返回 false */
public boolean register(String username,String password, String emailAddress,String myname){
     try {
          String sql="insert into userTable values(?,?,?,?,10)";   //初始积分为 10
          Object[ ] params=new Object[ ]{  username,   password,
                 emailAddress, myname  };
           jdbcTemplate.update(sql,params);
     } catch(Exception e) {   return false;   }
     return true;
}
```

（2）利用 PreparedStatementSetter 接口处理预编译 SQL。

通过回调 PreparedStatementSetter 接口的 setValues()方法实现参数的绑定。例如，addScore()方法也可采用以下方式实现。

```
public void addScore(final String username,final int s){
     String sql="update userTable   set score=score+?   where username=?";
     jdbcTemplate.update(sql, new PreparedStatementSetter() {
         public void setValues(PreparedStatement ps) throws SQLException{
             ps.setInt(1, s);
             ps.setString(2, username);
         }
     });
}
```

如果要将一批数据写入数据库表中，可以使用 batchUpdate()方法批量装载数据。以下代码将批量数据写入 customers 表中，这里用了 Stream 来处理集合数据。

```
jdbcTemplate.execute("DROP TABLE customers IF EXISTS");
jdbcTemplate.execute("CREATE TABLE customers(" +
            "id SERIAL, first_name VARCHAR(255), last_name VARCHAR(255))");
    //将每个人名字的 first/last names 提取出来放入数组
List<Object[ ]> splitUpNames = Arrays.asList("John Woo", "Jeff Dean", "Josh Bloch").stream()
        .map(name -> name.split(" "))                                   //用空格分离串形成数组
        .collect(Collectors.toList());
jdbcTemplate.batchUpdate("INSERT INTO customers(first_name, last_name)
                VALUES (?,?)", splitUpNames);
```

8.1.5 对业务逻辑的应用测试

下面在 Spring Boot 应用程序中测试对用户对象的业务逻辑的操作访问。

【程序清单——文件名为 JdbctempApplication.java】

```
@SpringBootApplication
public class JdbctempApplication {
    public static void main(String[ ] args) {
        SpringApplication.run(JdbctempApplication.class, args);
    }

    @Bean
    ApplicationRunner init(UserService userService) {
        return args -> {
          if (userService.register("user1","xxx","1143566@qq.com","mary")) {
              System.out.println("a user registered");
              userService.addScore("user1", 5);                //给用户加 5 分
              System.out.println(userService.getScore("user1")); //输出用户积分
          }
        };
    }
}
```

【运行结果】

```
a user registered
15
```

【说明】由于 init()方法所定义 Bean 的类型为 ApplicationRunner，系统启动时会自动执行 init()方法。这里通过参数注入 UserService 类型的 Bean 对象，通过该对象的 register()方法注册一个账户，如果注册成功，再给用户加 5 分，然后输出其积分。

8.2　网络考试系统设计案例

网络考试是网络教学平台中较为复杂的一项功能。完整的考试系统应支持较丰富的题型，为简单起见，只考虑支持单选题、多选题、填空题的情形。系统数据库采用 MySQL，程序中所涉及的各表的字段含义解释如下。

- 单选题表（danxuan）、多选题表（mxuan）、填空题表（tiankong）的结构相似，含以下字段：number 为题号，content 为试题内容，diff 为难度，knowledge 为所属知识点，answer 为答案。填空题的答案字段长度更大。
- 考试登记表（paperlog）含以下字段：username 为用户名，paper 为试卷，useranswer 为用户解答。其中，后面两个字段为 text 类型。
- 组卷参数配置表（configure）含以下字段：knowledges 为考核知识点的集合，sxamount 为单选题的数量，sxscore 为单选题的小题分数……其中，knowledges 为一个文本串，列出所有考核知识点，每个知识点用单引号括住，知识点之间用逗号分隔。

各个表格的 SQL 建表命令如下。

```
CREATE TABLE danxuan(
    number INT UNSIGNED AUTO_INCREMENT,
    content text NOT NULL,
    diff int(2) DEFAULT NULL,
    knowledge varchar(20) NOT NULL,
    answer varchar(20) NOT NULL,
    PRIMARY KEY (number)
) DEFAULT CHARSET=utf8;

CREATE TABLE mxuan(
    number INT UNSIGNED AUTO_INCREMENT,
    content text NOT NULL,
    diff int(2) DEFAULT NULL,
    knowledge varchar(20) NOT NULL,
    answer varchar(20) NOT NULL,
    PRIMARY KEY (number)
) DEFAULT CHARSET=utf8;

CREATE TABLE tiankong(
    number INT UNSIGNED AUTO_INCREMENT,
    content text NOT NULL,
    diff int(2) DEFAULT NULL,
    knowledge varchar(20) NOT NULL,
    answer varchar(20) NOT NULL,
    PRIMARY KEY (number)
)DEFAULT CHARSET=utf8;

CREATE TABLE paperlog(
```

```
    username varchar(30) NOT NULL,
    paper text,
    useranswer text
) DEFAULT CHARSET=utf8;

CREATE TABLE configure(
    knowledges  varchar(100) NOT NULL,
    sxamount int,
    sxscore int,
    mxamount int,
    mxscore int,
    tkamount int,
    tkscore int
) DEFAULT CHARSET=utf8;
```

考试系统主要针对学生端考试中所涉及的环节，包括组卷、试卷显示、交卷评分、试卷查阅等。在试卷处理不同阶段，需要试卷的不同信息，如组卷阶段只要记录大题类型、各小题编号；显示试卷时则需要大题名称、各小题的内容；评卷阶段则需要大题的每小题分值、各小题答案。因此，应用设计中对试卷信息进行各自的封装设计。实际上，试卷的其余信息可根据组卷形成的试卷中所记录试题信息查阅数据库得到。

实现试卷在应用各功能之间传递有多种方法，如采用 Session 对象、采用 Cookie 变量，也可选择采用 URL 参数传递。本系统采用 Session 对象存储经过 JSON 串行化处理的试卷。利用 Google 提供的 Gson 工具实现对象串行化处理，需要在工程中添加如下依赖项。

```
<dependency>
    <groupId>com.google.code.gson</groupId>
    <artifactId>gson</artifactId>
</dependency>
```

该应用案例给读者演示了如何通过串行化处理方式来保存 Java 对象到数据库中。

本项目是一个 Web 项目，采用 Thymeleaf 视图解析，采用 MySQL 数据库存储数据，这些都要求给工程添加相应的依赖项。系统登录页面请读者自行设计，假定登录账户的标识用 Session 对象保存。

以下分别就系统中组卷处理及试卷显示、考试阅卷处理及查阅用户答卷的服务功能实现进行介绍，每个服务功能由 Spring 的控制器、业务服务逻辑、模型、视图等协作完成。

8.2.1　组卷处理及试卷显示

1. 组卷相关数据对象的封装设计

整个试卷由若干题型构成，每个题型由若干试题构成。系统假定每道大题的各小题分配相同分值。定义以下类来表示组卷内容的相关信息。

（1）引入 Question 类记录某类题型的抽题信息，包括题型编码、每小题分值，以及抽到的试题编号构成的列表。

【程序清单——文件名为 Question.java】

```
@Data
public class Question {
        List<Integer> bh; ;                                    //各小题编号
        int score ;                                            //每小题分数
        int type;                                              //题型，值为 1 表示单选，为 2 表示多选
}
```

【注意】 这里 Question 类不是试题，而是存储某类试题的考试试题编号等信息。

（2）引入 ExamPaper 类记录组好的整个试卷。

引入该类的目的是方便后面的 json 包装处理。将 JSON 串转换为对象时，可通过 ExamPaper 类指示要转换的目标。实际各类题型的组卷信息存放在其属性列表 allst 中。

【程序清单——文件名为 ExamPaper.java】

```
@Data
public class ExamPaper {
    List<Question> allst = new ArrayList<Question>();    //存放试卷的各类试题的抽题情况
}
```

2．组卷业务逻辑服务

定义 PaperService 服务接口，其中，genPaper()方法用于产生一份试卷。后面还会根据需要给该接口添加阅卷评分处理的 givescore()方法。

【程序清单——文件名为 PaperService.java】

```
public interface PaperService {
        public ExamPaper genPaper();                                    //组卷
        public int[] givescore(String answer[], String useranswer[], int score);//阅卷评分
}
```

以下是服务的具体实现。

【程序见本章电子文档，文件名为 ServiceImpl.java】

ServiceImpl 类中的 genPaper()方法将根据数据库存储的组卷参数要求进行组卷，它将调用 pickst()方法实现具体某个题型的抽题处理。

（1）按组卷参数配置要求组卷。

在数据库中存储的与组卷参数配置相关的信息包括考核的知识点范围、各类题型的抽题数量、每小题分值等。genPaper()方法根据组卷参数配置要求从数据库抽取试题组卷。

（2）某类题型的抽题算法。

pickst()方法用于在知识点范围按参数要求随机选题，使用 SQL 的 in 关键词选取。算法可自动适应课程的实际试题数量，数量不足时按实际数量选取。方法的参数包括数据库表格、选题数量、知识点范围等，方法的返回结果为由选中试题编号构成的数组。

3．MVC 控制器

控制器将调用业务逻辑服务中组卷算法完成组卷，并设置试卷显示视图所需要的模型参数。传递的模型参数要考虑试卷的显示需要，为方便显示处理，引入一个 DisplayPaper 类来封装试卷显示所需的信息。

（1）试卷内容显示处理封装。

每个 DisplayPaper 对象表达某大类试题相关显示信息，包括大类名称，每小题分值、题型和内容。其中，题型用于决定解答界面试题对应的 HTML 控件类型，单选为 radio，多选为 checkbox，填空为 textarea。

【程序清单——文件名为 DisplayPaper.java】

```
@Data
public class DisplayPaper {
    List<String> content = new ArrayList<String>();  //各小题的试题内容
    String name;                                      //该类试题名称
    int type;                                         //试题类型
    int score;                                        //小题分值
}
```

（2）访问控制器的设计。

在访问控制器设计中，首先是要形成一份试卷让用户解答，将调用组卷业务逻辑进行组卷，并根据试卷显示要求获取试卷显示需要的信息。考虑到既要传递组卷给后续页面，又要显示试卷，在模型中用 disppaper 属性记录显示试卷内容。将代表试卷的 paper 对象转换为 JSON 串保存在 Session 对象中，以便后续页面访问。

在控制器属性中注入了 PaperService 的业务逻辑服务，考虑到在控制器中也要用 JdbcTemplate 访问数据库，因此，通过属性注入相应对象。在控制器中还定义了几个私有方法，getTxName()方法是根据题型 type 得到题型的文字描述，getContent()方法是根据题型和试题编号得到试题内容，getAnswer()方法是根据题型和试题编号获取试题的标准答案。

【程序见本章电子文档，文件名为 ExamController.java】

4．试卷显示视图

视图文件给出试卷的显示模板，试卷显示除了完成试卷内容的显示，还需要提供用户解答控件，如图 8-2 所示。这里用户解答控件的命名按“data”+“大题号”+“-”+“小题号”的拼接方式。在学生交卷的判分处理时，可通过 HttpServletRequest 对象的 getParameter ("控件名")方法得到学生的解答。

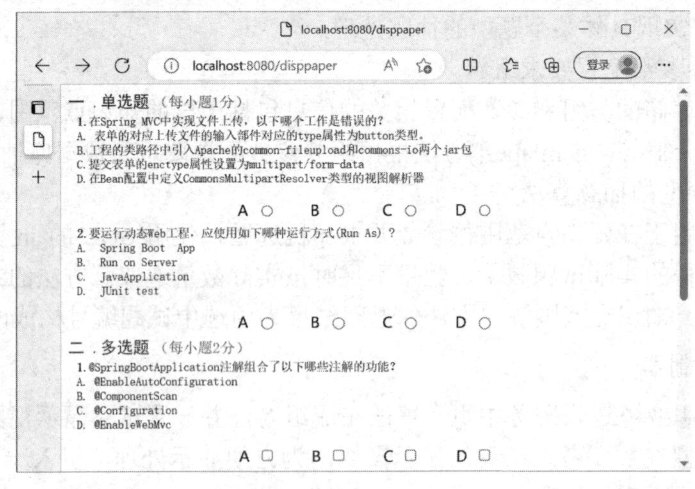

图 8-2　试卷解答界面

【程序清单——文件名为 display.html】

```
<html xmlns:th="http://www.thymeleaf.org">
<body>
<form action="givemark" th:method=post>
<div th:each="st,itemStat:${disppaper}">
<th:block th:with="k=${itemStat.count}">
<font size=4 face="黑体" color=red>[[${#strings.substring('一二三四',k-1,k)}]] .[[${st.name}]]</font>
<font size=3 face="宋体" color=green>（每小题[[${st.score}]]分）</font><br>
<table width=98% align=center style="word-break: break-all">
<tr th:each="question,itemStat2:${st.content}">
<td align=left valign=top width=20>
<th:block th:with="x=${itemStat2.count}">
<pre><b><font color=blue>[[${x}]].</font></b>[[${question}]]</pre>
<!-- 以下是针对解答控件的生成处理 -->
<table width=50% align=center>
<tr th:switch="${st.type}">
<span th:case=1>
<th:block th:each="item:${choices}">
<td align=right th:text="${item}"> </td><td align=left>
<input type=radio size="30" th:name="${'data'+k+'-'+x}" th:value="${item}"></td>
</th:block></span>
<span th:case=2> <th:block th:each="item:${choices}">
<td align=right th:text="${item}"> </td><td align=left>
<input type=checkbox size="30" th:name="${'data'+k+'-'+x}" th:value="${item}"></td>
</th:block></span>
<span th:case=3>
<td cols="8"><textarea th:name="${'data'+k+'-'+x}"></textarea></td></span>
</tr></table>
</th:block></td></tr></table>
</th:block></div>
<p align="center"><input type="submit" name="button" value=" 交 卷 ">
</form></body></html>
```

【说明】整份试卷的显示处理涉及大题和各个小题的显示，出现了二重循环。仔细体会代码中循环的处理以及求值处理。试卷显示涉及大题和小题的序号显示及处理，这里引入了和循环关联的变量，变量 k 用来表达大题序号，而变量 x 对应小题序号。由于有多种题型，不同题型要有不同的解答界面，程序中还使用了 th:switch 和 th:case 两个标签配合来实现多分支处理。

【技巧】输入控件中 name 属性赋值采用了 th:name="${'data'+k+'-'+x}"的拼接表达形式，实际上也可用 th:attr 标签给属性赋值，形式为 th:attr="name=${'data'+k+'-'+x}"。

8.2.2　考试阅卷处理

1．阅卷逻辑的方法设计

阅卷处理根据组卷传递的试卷信息及学生解答进行评分处理，各小题的标准答案要根据试题编号和题型从数据库获得。评阅某个大题时，可以将各小题标准答案放入数组中，与用户输入解答构成的数组元素逐个比较。

PaperService 接口中 givescore()方法实现某类题型的评分。该方法的参数有题型、标准答案、学生解答、小题分数，方法的返回结果为一个含两个元素的数组，分别为学生该题型的得分和试题总分。

2．阅卷处理相关的控制器代码

用户在做完考试题目后，单击“交卷”按钮，将试卷提交给阅卷控制部分进行处理。阅卷处理的映射请求 URI 为/givemark。阅卷时，首先要从 Session 对象 paper 中获取已串行化处理的试卷信息，用 Gson 工具对象的 fromJson()方法转换处理得到实际的试卷对象。然后对试卷各大类题分别处理，对某大类每道小题获取答案和用户解答，调用业务服务方法进行评分，并计算总得分。最后还要将学生的考卷和解答登记到数据库中。

3．学生得分显示视图

阅卷处理完毕将调用相关视图显示用户得分信息，在视图中获取来自模型的分数，通过执行 JavaScript 脚本弹出对话框显示学生得分，并通过执行页面重定向将页面导向系统首页，防止学生回退，从而避免学生反复交卷试出答案。

【程序清单——文件名为 score.html】

```
<html xmlns:th="http://www.thymeleaf.org">
<script type="text/javascript">
    alert("your score: [[${score}]]");
    window.location ="http://localhost:8080/";    //返回系统首页
</script>
```

8.2.3 查阅用户答卷

1．查卷所涉及显示内容的封装设计

查阅答卷需要显示试卷标准答案与学生解答对比，因此，定义类 PaperCompare 实现相关数据封装。每道试题的显示内容包括试题内容、标准答案、学生解答。为简化处理，将每道试题的各项数据存储在一个 Map 对象中，所有小题信息为一个列表。用 PaperCompare 封装大题的数据，所有大题则为 PaperCompare 类型的列表集合。

【程序清单——文件名为 PaperCompare.java】

```
@Data
public class PaperCompare {
    String name;                                //该大题的题型名称
    List<Map<String,Object>> info;              //每道试题的显示信息存放在名为 info 的 Map 中
}
```

2．查卷处理的控制器代码设计

进行查卷处理的映射请求 URI 为/searchpaper，对应的控制器方法设计需要从数据库读

学生试卷和解答，并将存储的代表试卷内容的 JSON 串进行解包。JSON 解包处理需要提供一个希望转换的目标类型参数，对于试卷直接用 ExamPaper.class 来表示。例如：

```
ExamPaper x1 = (ExamPaper) (json.fromJson((String) (x.get(0).get("paper")), ExamPaper.class));
```

较麻烦的是对学生答卷信息的解包处理，存储学生解答的列表中每个元素为一个数组，对于这种复杂类型的转换要使用 Gson 包中 TypeToken 类。将目标类型作为 TypeToken 的泛型参数构造一个匿名的子类，然后通过 getType()方法获取该类型。例如：

```
new TypeToken<ArrayList<String []>>(){ }.getType()
```

最后，将整个试卷内容以及解答情况按显示要求进行封装，通过模型变量传送给视图显示。模型变量 paper 存放的是对应大题的 PaperCompare 对象的列表集合，而 PaperCompare 对象的 info 属性是一个 List<Map<String,Object>>类型对象，存放各小题信息。

3．查卷处理的显示视图

查卷处理的显示视图实际上就是要把试卷中每道试题的内容、标准答案以及学生解答显示出来。在显示学生解答时，根据对错用不同颜色显示，解答错误用红色显示。该视图还给出了 Map 集合数据的访问技巧，程序中用${question.content}访问试题的内容。

【程序见本章电子文档，文件名为 searchpaper.html】

第 8 章课件

第 8 章习题

第 8 章代码

第 9 章　使用 JPA 访问数据库

对于数据库的访问，Spring Boot 提供了多种手段。第 8 章介绍了使用 JdbcTemplate 访问数据库，但更常用的是 JPA 和 MyBatis。本章介绍 Spring Data JPA 访问数据库的编程方法。JPA 是 Java 持久层 API（Java persistence API）的简称，其宗旨是为 POJO（plain ordinary Java object，简单普通的 Java 对象）提供持久化标准规范。它提供了一种对象/关系映射工具来管理 Java 应用中的关系数据。Spring Data JPA 是在 JPA 基础上添加 Repository 抽象层，可以轻松实现基于 JPA 的存储库。

9.1　JPA 访问关系数据库项目搭建过程

以下针对教室信息管理的简化版，给出应用搭建的过程。不难发现，Spring Boot 让很多事情自动完成，软件开发过程类似搭积木，实际要编写的代码量可以很少。

1．项目的 Maven 依赖

该应用是一个 Web 应用，在创建工程时选择创建一个 Maven Web 工程。然后在工程的 maven.xml 配置中添加与 Web 相关的依赖项。由于应用要访问数据库，因此，需要根据采用的数据库添加相应的依赖项。

```
<dependency>
    <groupId>org.springframework.boot</groupId>
    <artifactId>spring-boot-starter-web</artifactId>
</dependency>
<dependency>
    <groupId>org.springframework.boot</groupId>
    <artifactId>spring-boot-starter-data-jpa</artifactId>
</dependency>
<dependency>
    <groupId>org.springframework.boot</groupId>
    <artifactId>spring-boot-starter-jdbc</artifactId>
</dependency>
```

以下提供了两种数据库的依赖管理。

策略 1：使用内嵌数据库 H2 的依赖管理。

内嵌数据库 H2 是一个基于内存的数据库，该类型数据库的特点是数据在重开机后丢失。在项目初期开发中可以采用这种数据库，其好处是不用操心安装以及启动数据库，可以利用 JPA 自动建表，轻松调试应用的其他部分，将来更换数据库也无须改动应用的其他部分。

```
<dependency>
    <groupId>com.h2database</groupId>
    <artifactId>h2</artifactId>
</dependency>
```

【注意】需要持久运行的应用一般不选择内嵌数据库。

策略 2：使用关系数据库 MySQL 的依赖管理。

```
<dependency>
    <groupId>mysql</groupId>
    <artifactId>mysql-connector-java</artifactId>
    <version>8.0.22</version>
</dependency>
```

MySQL 数据库是 Java 应用中应用广泛的一种数据库。为方便连接 MySQL 数据库，还需要添加属性文件 application.properties，其存放的路径是 src/main/resources，Spring Boot 会自动根据该属性文件中的内容与数据库建立连接。

以下是 application.properties 文件的具体内容。

```
spring.jpa.hibernate.ddl-auto=create
spring.datasource.url=jdbc:mysql://localhost:3306/test?serverTimezone=UTC
spring.datasource.username=root
spring.datasource.password=abc123
```

其中，spring.jpa.hibernate.ddl-auto 是 hibernate 的配置属性，其作用包括自动创建、更新、验证数据库表结构。该参数的几种配置如表 9-1 所示。

表 9-1　spring.jpa.hibernate.ddl-auto 的属性值说明

属　性　值	说　　明
create	每次会删除以前的表并重新创建数据表，会导致之前存储的表格数据丢失
create-drop	每次根据实体模型生成表，但是 sessionFactory 关闭时，表就自动删除
update	第一次运行会根据实体模型自动建立起表的结构，以后会根据实体模型自动更新表结构。表结构变化后表中的数据不会丢失
validate	会检查数据库表格和实体类是否匹配，如果不匹配，则运行会出错

【注意】属性文件中第 1 行表示每次启动应用时会重新创建数据库表格，从而导致表格中数据丢失。因此，在数据库表格确立后要删除第 1 行或者将属性值改为 update。

2．应用的实体类

这里将教室信息进行了简化，仅包括编号、名称和座位数 3 个属性。实体的属性通过 ORM 框架被映射到关系数据表的字段。

【程序清单——文件名为 Classroom.java】

```
@Entity
```

```
@Data
public class Classroom {
    @Id
    @GeneratedValue(strategy = GenerationType.AUTO)
    private Long id;                    //编号
    private String name;                //名称
    private int size ;                  //座位数
}
```

【说明】程序中的注解很关键，一个是类头上的@Entity 注解，自动建表时将根据实体类定义建表。加注在 id 属性上的两个注解用于表示该属性将对应表格中的关键字字段，并且是自动增值类型。

【注意】由于配置了 spring.jpa.hibernate.ddl-auto 的值为 create，在应用启动时，Spring Boot 框架会自动在数据库中创建对应的表。如果是手动建表，使用下面的 SQL 命令。其中，表格名对应类的名称，各字段名称与类的属性名称一致。

```
create table classroom(id int AUTO_INCREMENT, name varchar(255), size int, primary key (id))
```

为支持@Data、@Builder、@AllArgsConstructor、@NoArgsConstructor 等注解，需要引入如下依赖关系。

```
<dependency>
    <groupId>org.projectlombok</groupId>
    <artifactId>lombok</artifactId>
</dependency>
```

3. 应用的 Repository 接口

Repository 中提供数据库访问的操作集合，Repository 居于业务层和数据层之间，将两者隔离开来，在它的内部封装了数据查询和存储的操作逻辑。在 Spring Data 中，只需定义 Repository 接口，在应用启动后，就会自动创建实现该接口的 Bean 对象。

【程序清单——文件名为 RoomRepository.java】

```
public interface RoomRepository extends CrudRepository<Classroom, Long> {   }
```

其中，CrudRepository<T, ID extends Serializable>接口提供了最基本的对实体类的操作。CrudRepository 是一个泛型接口，有两个泛型参数：实体对象类型、ID 属性的类型。CrudRepository 可以胜任最基本的 CRUD 操作（增、查、改、删）。

以下为接口 CrudRepository<T, ID>的主要方法。

- <S extends T> S save(S entity)：保存单个实体，返回结果为存储的实体。
- <S extends T> Iterable<S> saveAll(Iterable<S> entities)：保存集合。
- Iterable<T> findAll()：查询所有实体。
- void deleteAll(Iterable<? extends T> entities)：删除给定实体。
- void delete(ID id)：根据 id 删除实体。
- void delete(T entity)：删除一个实体。
- Optional<T> findById(ID id)：根据 id 查找。

- void deleteAll()：删除所有实体。
- boolean existsById(ID id)：判断给定 id 的实体是否存在。
- long count()：获取实体数量。

其中，save()方法存在两用，它会根据参数中数据的主键判断记录是否存在，如果存在则更新，不存在则插入新记录。

4．编写访问控制器

【程序清单——文件名为 RoomController.java】

```
@RestController
@RequestMapping(path = "/room")                    //此应用 URL 以/room 开头
public class RoomController {
    @Autowired
    private RoomRepository repository;

    @GetMapping(path = "/add")                     //用 GET 请求添加一个教室
    public String addRoom(@RequestParam String n, @RequestParam int s) {
        Classroom r = new Classroom();
        r.setName(n);
        r.setSize(s);
        repository.save(r);                        //保存实体到数据库
        return "Saved";
    }

    @GetMapping(path = "/insert")                  //用 GET 请求添加一个教室
    public String insertRoom(Classroom n) {
        repository.save(n);                        //保存实体到数据库
        return "insert";
    }

    @GetMapping(path = "/all")                     //查所有教室
    public Iterable<Classroom> getAllRooms() {
        return repository.findAll();               //结果为 JSON 格式数据
    }
}
```

【说明】在 addRoom()方法的参数中，@RequestParam 注解没指定参数名，则参数名默认与后面的变量名相同。应用运行后，访问如下 URL 可添加一个教室到数据库中。

http://localhost:8080/room/add?n=14-103&s=80

insertRoom()方法的参数是 Classroom 类型，如何给这个方法参数提供数据呢？这里仍可通过 URL 参数来提供数据，Spring 执行 insertRoom()方法时会自动创建一个 Classroom 类型的对象，并将 URL 参数 name 和 size 的值注入给对象属性。以下 URL 可添加一个教室到数据库中。

http://localhost:8080/room/insert?name=31-208&size=120

如果请求数据来自 HTML 表单，且表单控件的名称是 name 和 size，则效果也一样。

【技巧】这种通过控制器的 HTTP 请求参数传递数据给对象属性注入值的做法是一种简洁优雅的表达形式，特别注意请求参数的名称和对象属性的名称要匹配一致。

通过以下 URL 可查看写入数据库表格的所有教室，看到的结果为 JSON 格式。

```
http://localhost:8080/room/all
```

访问显示结果如图 9-1 所示。

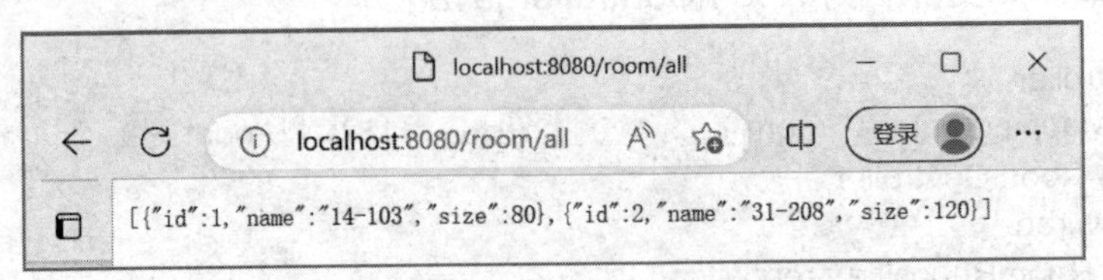

图 9-1 查看所有教室

9.2 Spring Date JPA 简介

Spring Data JPA 是 Spring 在 ORM 框架、JPA 规范的基础上封装的一套 JPA 应用框架。JPA 的核心是 Java 持久化查询语言（JPQL），对存储在关系数据库中的实体进行查询。其在语法上类似于 SQL 查询，但是操作的是实体对象而不是数据库表格。

9.2.1 JPA 的实体相关注解

JPA 要用各种注解配合来实现数据实体间的一对多、多对多等关联关系。

1. 实体定义相关注解

表 9-2 列出了实体定义中的常用注解及其说明。

表 9-2 实体定义中的常用注解及其说明

注 解	说 明
@Entity	用于定义对象为 JPA 管理的实体，将字段映射到指定的数据库表中
@Table	用于指定数据库的表名
@Id	定义属性为数据库的主键，一个实体里面必须有一个，并且必须与@GeneratedValue 配合使用和成对出现
@IdClass	利用外部类的联合主键
@GeneratedValue	在 GenerationType 中定义了 4 个取值。 TABLE：使用一个特定的数据库表格来保存主键； SEQUENCE：通过序列产生主键，MySQL 不支持这种方式； IDENTITY：采用数据库 ID 自增长，一般用于 MySQL 数据库； AUTO：JPA 自动选择合适的策略，是默认选项

续表

注　　解	说　　明
@Basic	表示属性是到数据库表的字段的映射。如果实体的字段上没有任何注解，即默认为@Basic
@Transient	表示该属性并非一个到数据库表的字段的映射，表示非持久化属性。JPA 映射数据库的时候忽略它，与@Basic 的作用相反
@Column	定义该属性对应数据库中的列名
@Temporal	用来设置 Date 类型的属性映射到对应精度的字段。 @Temporal(TemporalType.DATE)映射的日期只有日期； @Temporal(TemporalType.TIME)映射的日期有时间； @Temporal(TemporalType.TIMESTAMP)映射的日期含日期和时间
@Enumerated	直接映射 enum 枚举类型的字段
@Lob	将属性映射成数据库支持的大对象类型，含 Clob 长字符串类型和 Blob 字节类型

2．定义实体关联关系的常用注解

表 9-3 列出了定义实体关联的常用注解及其说明。

表 9-3　定义关联关系的常用注解及其说明

注　　解	说　　明
@JoinColumn	定义外键关联的字段名称，@JoinColumn 主要配合@OneToOne、@ManyToOne、@OneToMany 一起使用，单独使用没有意义
@OneToOne	一对一关联关系
@OneToMany	表示一对多，@OneToMany & @ManyToOne 可以相对存在，也可只存在一方
@ManyToMany	表示多对多，当用到@ManyToMany 时一定是 3 张表
@OrderBy	关联查询时的排序，一般和@OneToMany 一起使用
@JoinTable	关联关系表，一般和@ManyToMany 一起使用

以下针对某应用的讨论区设计给出相关实体定义样例。这里定义了 3 个实体，分别是用户（User）、讨论（Discuss）、讨论回复（Reply）。

【程序见本章电子文档，文件名分别为 User.java、Discuss.java、Reply.java】

若采用系统自动建表，则上述程序执行将自动产生 5 个表格，表格名称分别为 user、discuss_list、reply_list、reply_love_user、discuss_love_user。

9.2.2　Spring Date JPA 的 Repository

Spring Data JPA 让数据访问层简单到只要编写接口即可。Spring Data JPA 的数据访问接口的继承关系如图 9-2 所示。

1．JPA Repository 的基本方法

Repository 接口是一个标记型接口，它不提供任何方法。CurdRepository 继承 Repository，实现了一组 CURD 相关的方法，在上一小节已经介绍。

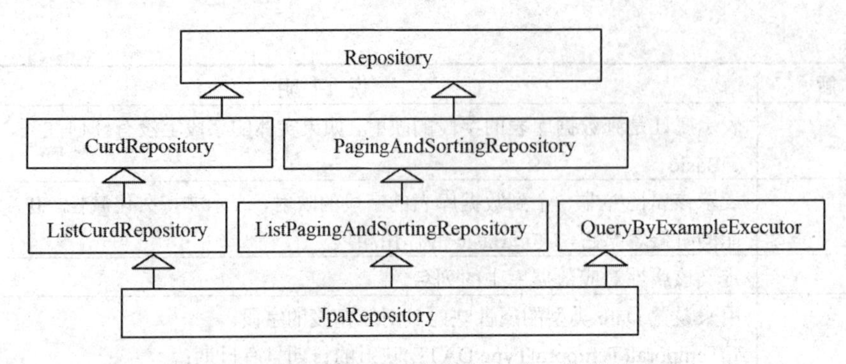

图 9-2　Spring Data JPA 数据访问接口的继承关系

PagingAndSortingRepository 继承 Repository，实现了一组分页和排序相关的方法。例如，下面是分别支持分页和排序的两个 findAll()方法。

- Iterable<T> findAll(Sort sort)：按排序要求取所有的对象的集合。
- Page<T> findAll(Pageable pageable)：根据分页限制取一页实体。

PageRequest 是 Pageable 接口的具体实现类。对于 Pageable 参数，Spring 推荐使用 PageRequest 的 of()方法，使用的时候需要传入页数、每页条数和排序规则。

```
public Page<Classroom> findByPage(int page,int pagesize) {
    Sort sort = Sort.by(Sort.Direction.ASC, "name");        //按教室名称升序排列
    Pageable pageable = PageRequest.of(page,pagesize,sort);
    return   repository.findAll(pageable);
}
```

【注意】PageRequest 的 page 参数的值是从 0 开始的。

通过 Page 对象的 getTotalPages()方法可获取总页数，getPageNumber()方法得到当前页号，getContent()方法得到当前页的数据列表内容。

2．JPA Repository 的扩展方法

下面针对大学（University）实体类进行举例。假设 University 实体中拥有 id（标识）、name（校名）、address（校址）等属性。

【程序清单——文件名为 University.java】

```
@Data
@Entity
public class University {
    @Id
    @GeneratedValue(strategy = GenerationType.AUTO)
    Long id;
    String name;
    String address;

    public University(String name, String address) {
        this.name = name;
        this.address = address;
    }
```

```
    public String toString() {
        return "University [id=" + id + ", name=" + name + ", address=" + address + "]";
    }
}
```

按照 JPA 标准命名规范还可以扩展得到很多方法，遵照规则命名的方法可以不用写实现代码就可完成逻辑。事实上，在 STS 工程环境中，任何添加到 Repository 中的方法，如果不符合 JPA 标准命名规范，会给出编译错误提示。

以下是按校名查询大学的方法，可以命名为 findUniversityByName。

```
University findUniversityByName(String name);
```

以下是根据 id 主键查询大学的方法，可以命名为 getUniversityById。

```
University getUniversityById(Long id);
```

以下是按照校名（name）和校址（address）进行模糊查询的方法。

```
List<University> findByNameLikeAndAddrsssLike(String name, String address);
```

接下来，定义 UniversityRepository 接口，在接口中添加以上方法。

【程序清单——文件名为 UniversityRepository.java】

```
public interface UniversityRepository extends CrudRepository<University, Long> {
    public University findUniversityByName(String name);
    public University getUniversityById(Long id);
    public List<University> findByNameLikeAndAddressLike(String name, String address);
}
```

下面通过应用启动时会自动执行的 Bean 来对上述接口的新增方法进行验证。

【程序清单——文件名为 MyApplicationRunner.java】

```
@Component
public class MyApplicationRunner implements ApplicationRunner {
    @Autowired
    private UniversityRepository repository;

    @Override
    public void run(ApplicationArguments args) throws Exception {
        repository.save(new University("清华大学", "北京"));
        repository.save(new University("北京大学", "北京"));
        repository.save(new University("浙江大学", "杭州"));
        repository.save(new University("复旦大学", "上海"));
        repository.save(new University("中国科大", "合肥"));
        System.out.println(repository.findUniversityByName("清华大学"));
        System.out.println(repository.getUniversityById((long)2));
        System.out.println(repository.findByNameLikeAndAddressLike("%大学", "上海%"));
    }
}
```

【运行结果】

```
University [id=1, name=清华大学, address=北京]
University [id=2, name=北京大学, address=北京]
[University [id=3, name=复旦大学, address=上海]]
```

JPA 标准命名规范的部分关键词及样例如表 9-4 所示。命名是以动词（get/find）开始的，by 代表按照什么内容进行条件查询，条件属性用条件关键字连接，属性首字母大写。

表 9-4　JPA 标准命名规范的部分关键词及样例

关键词	例子	JPQL 代码段
And	findByNameAndPwd	… where name = ?1 and pwd = ?2
Or	findByNameOrUsername	… where name = ?1 or username = ?2
Is,Equals	findByNameIs	… where name = ?1
Between	findByDateBetween	… where date between ?1 and ?2
LessThan	findByPriceLessThan	… where price < ?1
LessThanEqual	findByPriceLessThanEqual	… where price <= ?1
GreaterThan	findByPriceGreaterThan	… where price > ?1
GreaterThanEqual	findByPriceGreaterThanEqual	… where price >= ?1
IsNull	findByPriceIsNull	… where price is null
Like	findByNameLike	… where name like ?1
NotLike	findByNameNotLike	… where name not like ?1

在计数和删除查询处理中也可以使用 JPA 命名规范，例如：

```
long countByName(String name);     //按 name 匹配统计实体数量，返回统计结果
long deleteByName(String name);    //删除匹配 name 的实体，返回删除的实体个数
List<University> removeByAddress(String address);
    //删除匹配 address 的实体，返回匹配成功并删除的实体
```

注意，使用 deleteByName(String name)时，需要添加@Transactional 注解。

此外，JPA 还支持用 first、top 以及 distinct 关键字来限制查询结果。例如：

```
List<University> findTop2ByNameLike(String q);
    //按校名模糊查找匹配参数要求的最顶端的两条数据
```

9.3　基于 MVC 的网上答疑应用的 JPA 方案

本案例介绍的网上答疑应用采用 Thymeleaf 作为视图解析。具体的访问视图见 6.3.2 节的介绍，共有 askpage.html 和 answerpage.html 两个视图页面。

1．实体类

【程序清单——文件名为 Question.java】

```
@Entity
```

```
@Data
public class Question {
    @Id
    @GeneratedValue(strategy = GenerationType.AUTO)
    private Long id;                                    //问题编号
    private String ask;                                 //提问内容
    private String answer;                              //解答内容

    public Question() { }

    public Question(String ask, String answer) {
        this.ask = ask;
        this.answer = answer;
    }
}
```

2．数据存储访问层设计

数据访问层扩充了根据问题标识获取问题对象的 findQuestionById()方法。

【程序清单——文件名为 QuestionRepository.java】

```
public interface QuestionRepository extends CrudRepository<Question, Long> {
    Question findQuestionById(Long id);
}
```

3．业务逻辑层设计

业务逻辑层根据答疑应用的要求提供了相应的功能，并通过调用注入的数据访问层服务对象的操作给出功能的具体实现。

【程序清单——文件名为 AskService.java】

```
@Component
public class AskService {                            //业务逻辑服务
    @Autowired
    QuestionRepository dao;                          //数据访问的服务对象

    public void add(String ask) {                    //新增一个提问
        dao.save(new Question(ask, null));
    }

    public Question search(long id) {                //根据问题标识获取一个问题
        return dao.findQuestionById(id);             //用扩展的方法
    }

    public Iterable<Question> findAll() {            //获取所有问题
        return dao.findAll();
    }

    public void answer(long id, String ans) {        //给指定标识的问题设置解答
        Question p = dao.findById(id).get();         //用基本方法
```

```
        p.setAnswer(ans);
        dao.save(p);
    }
}
```

4．控制器设计

【程序清单——文件名为 AskController.java】

```
@Controller
public class AskController {
    @Autowired
    AskService pservice;

    @RequestMapping(value = "/", method = RequestMethod.GET)
    public  String root(Model m ) {
        m.addAttribute("problems", pservice.findAll());
        return "askpage";
    }

    @RequestMapping(value = "/process", method = RequestMethod.POST)
    public String askProcess(Model m, @RequestParam("ask") String question) {
        pservice.add(question);
        return "redirect:/";
    }

    @RequestMapping(value = "/youranswer/{id}", method = RequestMethod.GET)
    public String ans(Model m, @PathVariable("id") long id) {
        Question yourProblem = pservice.search(id);
        m.addAttribute("question", yourProblem);
        return "answerpage";
    }

    @RequestMapping(value = "/processanswer/{id}", method = RequestMethod.POST)
    public String ansProcess(Model m, @PathVariable("id") long id,
            @RequestParam("myans") String answer) {
        pservice.answer(id, answer);
        m.addAttribute("problems", pservice.findAll());
        return "redirect:/";
    }
}
```

9.4　在 JPA 接口中使用@Query 注解

JPA 的 Repository 中借助@Query 注解提供了可以随意命名的方法。在定义的方法前通过@Query 注解的参数字符串声明描述方法的功能。参数字符串使用一种面向对象的查询语句 JPQL 语法表达查询要求，查询中还支持按参数名取值及按参数位置取值。

1．自定义查询方法

下面针对 Question 实体创建对应的 Repository 接口实现对该实体的数据访问。

```
public interface AskRepository extends JpaRepository<Question, Long> {
    @Query("select p from Question p where p.id=:q")
    Question findQuestion(@Param("q") Long x);
}
```

这里，使用冒号（:）传参，使用@Param 注解注入参数，在查询中绑定参数名称。实际上，当方法的参数名和@Param 注解指定的名称一致时，可以省略@Param 注解。

【技巧】JPQL 中 from 后面是类名，不是表格名称，因此要特别注意大小写问题。

以下为实现分页的@Query 查询使用样例，根据提问内容进行模糊查找。

```
@Query("select p from Question p where p.ask like %?1%")
Page<Question> findByQuestionLike(String q, Pageable pageable);
```

其中，在查询中使用问号传参，参数位置编号 1 表示第 1 个参数；通过 like 表达式实现模糊查找。

2．使用 Native SQL Query

所谓本地查询，就是使用原生的 SQL 语句进行查询数据库的操作，根据数据库的不同，在 SQL 的语法或结构方面可能有所区别。在 Query 中，原生态查询默认是关闭的，需要手动设置为 true。以下使用原生 SQL 根据学校名称查找大学。

```
@Query(value="select * from university p where p.name=:q",nativeQuery = true)
public University findUniversity(String q);
```

【技巧】@Query 注解中 value 定义的原生 SQL 中，from 后面是表格名称，因此，这里 SQL 中 university 的首字母无论是大写还是小写都可以。

【注意】实际调用该方法时，如果查询结果有多个满足条件的记录，则会报异常。换句话说，被查询的学校在数据库表中必须仅出现一次。

3．JPA 更新和删除操作

使用@Query 注解来实现更新或删除操作，需要添加@Modifying 注解。

以下代码根据提问标识修改其解答。方法的返回值表示更新语句所影响的行数。

```
@Modifying
@Query("update Question set answer= ?2 where id=?1")
public int changeAnswer(Long id, String answer);
```

这里，在查询中使用问号传参，参数位置编号 1 表示第 1 个参数。

同样，执行 SQL 的 delete 语句可实现 JPA 的删除操作，也要添加@Modifying 注解。

```
@Modifying
```

```
@Query(value = "delete from university where id= ?1 ", nativeQuery = true)
public void deleteById(Long uid);
```

特别注意，调用以上更新和删除操作要添加事务支持。处理办法有两种：一种是在调用者的方法前添加@Transactional 注解；另一种是在 Repository 接口中定义方法前添加@Transactional 注解。

以下控制器方法中调用了前面定义的带@Modifying 注解的 changeAnswer()方法，为此，要在@GetMapping 注解的方法前添加@Transactional 注解。这里还要注意，URL 访问/change 时需要传递两个请求参数，分别是 id 和 answer。

```
@Transactional                              //添加事务处理
@GetMapping(path = "/change")               //修改某个问题，显示修改后的结果
public @ResponseBody Iterable<Question> change(Long id,String answer) {
    repository.changeAnswer(id,answer);
    return repository.findAll();            //结果为 JSON 格式数据
}
```

【说明】@Transactional 注解用于表达应用的事务配置，事务管理是保证应用操作的完整性。该注解既可修饰类，也可修饰方法，修饰类表示对整个类起作用，修饰方法则仅对方法起作用。

@Transactional 注解提供了一系列属性修饰，以给出事务处理的明确信息。一般取属性的默认值，只需要加注该注解即可。以下为各属性的简要说明。

- isolation：事务隔离级别，默认为 Default，表示底层事务的隔离级别。
- propagation：事务传播属性，默认值为 REQUIRED。
- readOnly：事务是否只读。
- timeout：指定事务超时时间（秒）。
- rollbackFor：遇到指定异常需要回滚事务。

第 9 章课件

第 9 章习题

第 9 章代码

第 10 章　使用 MyBatis 和 MyBatis-Plus 访问数据库

MyBatis 是一个优秀的持久层框架，它支持定制的 SQL 以及高级映射，可以使用 XML 或注解来配置和映射原生信息。MyBatis-Plus（简称 MP）是 MyBatis 的增强工具，内置通用 Mapper、通用 Service 实现对数据库的增删改查操作，并提供内置代码生成器、分页插件以及性能分析插件等支持。这两种框架支持众多关系数据库，受到大众喜爱。本章将介绍这两种框架软件的使用。

10.1　使用 MyBatis 访问数据库

10.1.1　MyBatis 简介

1．MyBatis 的功能架构

MyBatis 的功能架构分为三层，如图 10-1 所示。

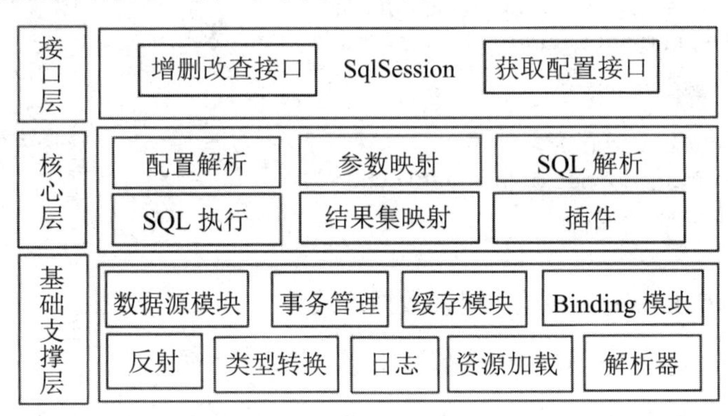

图 10-1　MyBatis 的功能架构

（1）接口层：提供给外部使用的接口 API，接口层会调用核心层来完成具体的数据处理。

（2）核心层：负责具体的 SQL 查找、SQL 解析、SQL 执行和执行结果映射处理等。目标是根据调用的请求完成一次数据库操作。

（3）基础支撑层：负责最基础的功能支撑，包括连接管理、事务管理、配置加载和缓存处理等最基础的组件。

2．MyBatis 的特点

MyBatis 具有以下特点。

- ❑ 简单易学。MyBatis 本身很小且简单，易于学习，易于使用。
- ❑ 灵活。MyBatis 不影响现有数据库，通过 SQL 语句操作数据库。
- ❑ 查询的结果集与 Java 对象自动映射。
- ❑ 解除 SQL 与程序代码的耦合。系统设计更清晰，更易维护，更易测试。
- ❑ 支持编写动态 SQL。

10.1.2 基于 Spring Boot 的 MyBatis 应用构建

1．通过工程自动构建自动添加 Maven 依赖

创建 Spring Boot 工程，在 pom.xml 中添加如下依赖项。

```
<dependency>
    <groupId>org.springframework.boot</groupId>
    <artifactId>spring-boot-starter-web</artifactId>
</dependency>
<dependency>
    <groupId>org.mybatis.spring.boot</groupId>
    <artifactId>mybatis-spring-boot-starter</artifactId>
    <version>3.0.2</version>
</dependency>
<dependency>
    <groupId>org.springframework.boot</groupId>
    <artifactId>spring-boot-starter-jdbc</artifactId>
</dependency>
<dependency>
    <groupId>mysql</groupId>
    <artifactId>mysql-connector-java</artifactId>
    <scope>runtime</scope>
</dependency>
```

2．在 application.properties 中配置数据库连接

在 application.properties 文件中配置 MySQL 数据库连接。

```
spring.datasource.url=jdbc:mysql://localhost:3306/test?serverTimezone=UTC
spring.datasource.username=root
spring.datasource.password=abc123
```

3．编写实体类

以 Panda（熊猫）为例，属性包括 name（名称）、age（年龄）等。编写构造方法，并通过@Data 注解提供各属性的 setter()、getter()以及 toString()方法。

【程序清单——文件名为 Panda.java】

```
@Data
public class Panda{
    private int id;                    //编号
```

```
    private String name;                          //名称
    private int age;                              //年龄

    public Panda(String name, int age) {
        this.name = name;
        this.age = age;
    }
    public Panda() { }
}
```

4．定义 Mapper 层数据访问服务

通过 Mapper 层建立业务服务操作与数据库操作的映射。将@Mapper 注解添加在接口前面，接口中的方法通过添加 MyBatis 的操作注解来表达对数据库操作的具体实现。注解方法的参数是 SQL 字符串，但字符串中可以通过特殊方式来获取方法参数传递的数据，MyBatis 会智能地确定参数内容。例如，以下程序中 insert(Panda panda)方法的注解中，#{name}代表获取参数 Panda 对象的 name 属性的值；而 findByNameLike(String name)方法的注解中，#{name}代表字符串参数 name 本身的值。

【程序清单——文件名为 PandaMapper.java】

```
@Mapper
public interface PandaMapper {
    @Delete("drop table panda")
    void dropTable();

    @Insert("create table panda (id int AUTO_INCREMENT, name varchar(255),
            age integer, primary key (id))")
    void createTable();                           //建表

    @Insert("insert into panda(name,age) values(#{name},#{age})")
    void insert(Panda panda);                     //插入数据

    @Select("select id,name,age from panda")
    List<Panda> findAll();                        //找所有数据

    @Select("select * from panda where name like #{name}")
    List<Panda> findByNameLike(String name);      //按 name 模糊查找数据

    @Delete("delete from panda")
    void deleteAll();                             //删除所有数据
}
```

【说明】在注解 SQL 串中，参数均使用#{...}的表达形式，无须关注数据类型问题，MyBatis 会自动根据表格字段的数据类型产生相应的 SQL 字符串。

5．测试 Mapper 操作

通过应用启动时自动执行的 Bean 来测试 Mapper 的功能。

【程序见本章电子文档，文件名为 PandaTest.java】

10.1.3 关于 MyBatis 的 Mapper 编写

1. MyBatis 中 Mapper 的定义形式

MyBatis 的 Mapper 编写有注解和 XML 两种实现方式，用 XML 定义 Mapper 映射关系比较烦琐，现在通常采用注解方式。

（1）注解方式。

以注解方式定义 Mapper 有两种做法，一种是在定义的 Mapper 接口前面添加@Mapper 注解；另一种是在启动类上添加@MapperScan 注解，用于定义 Mapper 扫描的包路径，这时定义 Mapper 接口就可以省略@Mapper 注解。例如：

```
@MapperScan("springbook.charpter10.dao")
```

以下为使用注解方式定义 Mapper 接口中映射方法的实现样例。

```
@Select("SELECT * FROM panda WHERE name=#{name}")
Panda selectByName(@Param("name") String name);
```

其中，@Select 注解里的#{name}就是 selectByName()方法的参数 name 的值。

（2）XML 文件方式。

以下为使用 XML 方式定义 Mapper 接口中映射方法的实现样例。

```
<mapper namespace="springbook.charpter10.dao">
  <select id="selectPanda" parameterType="int" resultType="hashmap">
    SELECT * FROM panda WHERE ID = #{id}
  </select>
</mapper>
```

其中，<select>标签的 id 属性标识方法名，parameterType 属性代表参数类型，resultType 属性为结果类型，#{id}取值来自 selectPanda()方法参数中对象的 id 属性。

2. MyBatis 的常用注解

MyBatis 提供了增、删、改、查等核心操作的基础注解，如表 10-1 所示。

表 10-1　MyBatis 的常用注解

注　解	说　明
@Select	映射查询的 SQL 语句
@Insert	映射插入的 SQL 语句
@Update	映射更新的 SQL 语句
@Delete	映射删除的 SQL 语句
@Result 和@Results	两注解配合修饰返回的结果集

以下代码为 UserMapper 接口设计，其中包括增、删、改、查 4 种操作，来自数据库表格的两个属性 user_sex、nick_name 加了下画线，和实体类 UserEntity 中的属性名不一致，

所以，在@Result 结果处理中进行了说明。另外，user_sex 使用了 UserSexEnum 枚举类型。

```
public interface UserMapper {
    @Select("SELECT * FROM users")
    @Results({
        @Result(property = "userSex",   column = "user_sex", javaType = UserSexEnum.class),
        @Result(property = "nickName", column = "nick_name")
    })
    List<UserEntity> getAll();

    @Select("SELECT * FROM users WHERE id = #{id}")
    @Results({
        @Result(property = "userSex",   column = "user_sex", javaType = UserSexEnum.class),
        @Result(property = "nickName", column = "nick_name")
    })
    UserEntity getOne(Long id);

    @Insert("INSERT INTO users(userName,passWord,user_sex)
        VALUES(#{userName}, #{passWord}, #{userSex})")
    void insert(UserEntity user);

    @Update("UPDATE users SET userName=#{userName},
        nick_name=#{nickName} WHERE id =#{id}")
    void update(UserEntity user);

    @Delete("DELETE FROM users WHERE id =#{id}")
    void delete(Long id);
}
```

10.1.4　用 MyBatis 实现分页显示处理

1．配置分页功能

在 MyBatis 应用中，利用 PageHelper 这个特殊的工具类来实现分页处理。在项目中添加如下 Maven 依赖项。

```
<dependency>
    <groupId>com.github.pagehelper</groupId>
    <artifactId>pagehelper-spring-boot-starter</artifactId>
    <version>1.2.11</version>
</dependency>
```

在 application.properties 文件中添加如下行配置分页插件使用的方言。

```
pagehelper.helper-dialect=mysql
```

2．实现分页控制器

```
@Controller
public class PandaListController {
```

```
    @Autowired
    PandaMapper pandaMapper;

    @RequestMapping("/showPagePanda*")
    public String getPandas(@RequestParam(value = "page",defaultValue = "1")
                Integer page ,Model model) {
        PageHelper.startPage(page,10);        //设置页码以及每页的大小
        List<Panda> pandas = pandaMapper.findAll();
        PageInfo<Panda> info = new PageInfo<>(pandas);
        //使用 pageInfo 来包装查询后的结果
        model.addAttribute("page",info);      //把 PageInfo 对象放入模型中
        return "listpage";
    }
}
```

MyBatis 的分页要依靠 PageHelper 和 PageInfo 两个类配合，借助 PageHelper 类的静态方法 startPage()设置分页要求，该方法的两个参数分别代表页码和页的大小（本例固定为 10）。PageInfo 对象构建时要传递查询的完整数据集合，PageInfo 将根据分页要求提取当前页的集合数据，形成对分页数据内容和分页信息的包装。

3．创建分页视图（listpage.html）

这里采用 Thymeleaf 作为视图解析，视图文件中通过 page.pageNum 获取当前页码，通过 page.pages 获取总页数，通过 page.list 获得具体数据内容的列表集合。

```
<!-- 本页具体显示的数据内容省略 -->
<div style="text-align: center;font-size: 15px;" id="p">
<a href="/showPagePanda?page=1">首页</a>
 <a th:href="@{/showPagePanda(page=${page.pageNum-1})}">上一页</a>
<a th:href="@{/showPagePanda(page=${page.pageNum+1})}">下一页</a>
 <a th:href="@{/showPagePanda(page=${page.pages})}">最后一页</a>
</div>
```

10.1.5　用 MyBatis 实现含分页处理的答疑应用

网上答疑应用先前已经有所涉及，此处用实体类 Problem 来表达答疑的问题，question 属性表示提问内容，answer 属性代表回答，另外增加了两个属性，一个用来记录提问者（who_ask），另一个用来记录提问时间（askdate）。

1．关系表格与实体类设计

以下为 SQL 建表语句的代码。

```
CREATE TABLE  problem (
    id  BIGINT AUTO_INCREMENT,
    question  longtext  NOT NULL,
    answer  longtext  ,
    who_ask  varchar(20) NOT NULL,
```

```
    askdate  DATE ,
    PRIMARY KEY (id)
) default charset=utf8;
```

【程序清单——文件名为 Problem.java】

```
@Data
public class  Problem {
    long id;
    String question;
    String answer;
    String who_ask = "user";                   //提问者标识
    Date askdate = new Date();                 //提问时间
}
```

2．业务逻辑服务层设计

【程序清单——文件名为 AskService.java】

```
@Component
public class AskService {
    @Autowired
    ProblemMapper dao;

    public void add(String question) {             //新增一个提问
        dao.insert(new Problem(question, null));
    }

    public Problem search(long id) {               //根据 id 查找某个提问
        return dao.findById(id);
    }

    public List<Problem> findAll() {               //找所有提问
        return dao.findAll();
    }

    public void answer(long id, String ans) {      //回答问题
        Problem p=dao.findById(id);
        p.setAnswer(ans);
        dao.update(p);
    }
}
```

3．Mapper 层设计

【程序清单——文件名为 ProblemMapper.java】

```
@Mapper
public interface ProblemMapper {
    @Insert("insert into problem(question,answer,who_ask,askdate)
        values(#{question},#{answer},#{who_ask},#{askdate})")
    void insert(Problem p);
```

```
    @Select("select * from problem")
    List<Problem> findAll();

    @Select("select * from problem where id=#{id}")
    Problem findById(long id);

    @Update("update problem set answer=#{answer} where id=#{id}")
    void update(Problem p);
}
```

4．控制器的设计

控制器要对用户与服务器间的各种交互进行处理，包括进入首页的显示处理，对提交的提问和解答的登记处理，以及进入解答和翻动页面的处理等。

【程序清单——文件名为 AskController.java】

```
@Controller
public class AskController {
    @Autowired
    AskService pservice;

    @GetMapping(value = "/")                //首页，显示第一页
    public String root() {
        return "redirect:/showPageProblem?page=1";
    }

    / *处理用户提交的新提问 */
    @PostMapping(value = "/process")
    public String askProcess(@RequestParam("ask") String question) {
        pservice.add(question);
        return "redirect:/";
    }

    / * 进入提问解答页面 */
    @GetMapping(value = "/youranswer/{id}")
    public String ans(Model m, @PathVariable("id") long id) {
        Problem yourProblem = pservice.search(id);
        m.addAttribute("problem", yourProblem);
        return "answerpage";
    }

    /* 处理对某个提问的解答登记 */
    @PostMapping(value = "/processanswer/{id}")
    public String ansProcess( @PathVariable("id") long id,
            @RequestParam("myans") String answer) {
        pservice.answer(id, answer);
        return "redirect:/";
    }
```

```
    /* 显示某一页的所有提问 */
    @GetMapping("/showPageProblem*")
    public String getUsers(@RequestParam("page") Integer page, Model model) {
        PageHelper.startPage(page, 2);          //设置页码以及每页的大小
        List<Problem> ps = pservice.findAll();
        PageInfo<Problem> info = new PageInfo<>(ps);
        //使用 pageInfo 来包装查询后的结果
        model.addAttribute("page", info);
        //把封装好的 PageInfo 设置到模型中
        return "askpage";
    }
}
```

5．视图显示

本例采用 Thymeleaf 作为视图解析，要注意视图显示处理中的一些技巧，特别是显示处理中如何交替使用不同样式来显示奇数行和偶数行内容。运行效果如图 10-2 所示。

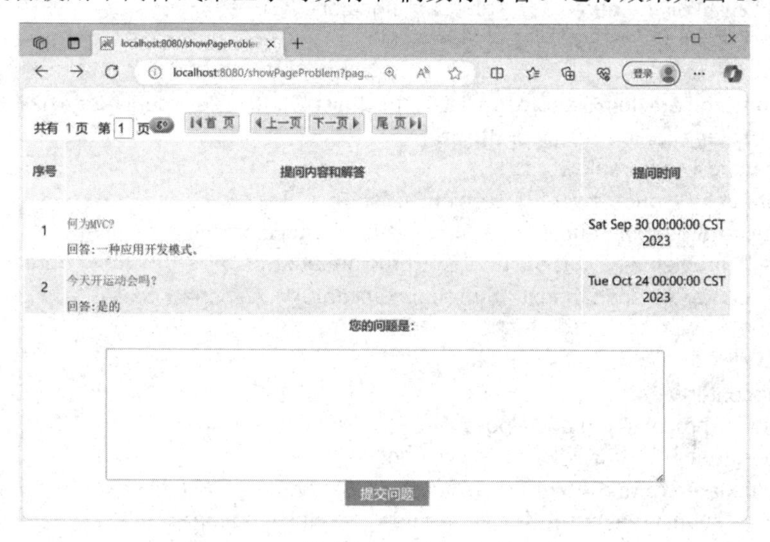

图 10-2　支持分页显示的网上答疑应用

【程序清单——文件名为 askpage.html】

```
<html xmlns:th="https://www.thymeleaf.org">
<head>
<meta http-equiv="Content-Type" content="text/html; charset=UTF-8" />
 <link type="text/css" rel="stylesheet" href="css/main.css" />
</head>
<body leftmargin="1" >
<form action="/showPageProblem" method="post" >
<table   width="98%" >
<tr><td >    共有 <font color="red">
<span th:text="${page.pages}"></span></font> 页
 </td>
<td align=right >第<input id="page" name="page"   type="text"   style="width: 20px;"
th:value="${page.pageNum}"/>
```

```
页<input type='image' src="images/btn_go.gif">
 <a href="/showPageProblem?page=1"> <img src="images/btn_sy.gif" border=0></a>
 <a th:href="@{/showPageProblem(page=${page.pageNum-1})}">
  <img src="images/pre.gif" border=0></a>
<a th:href="@{/showPageProblem(page=${page.pageNum+1})}">
<img src="images/next.gif" border=0></a>
 <a th:href="@{/showPageProblem(page=${page.pages})}"><img src="images/last.gif"></a>
 </td> </tr>
</table>
</form>
<table style='table-layout:fixed' width="98%">
<tr >
<td width="5%" align=center   height="25" bgcolor="#EFF9FE">
<font color="#008000"><b>序号</b> </font>
<td width="70%" align=center   height="25" bgcolor="#EFF9FE">
<font color="#008000"><b>提问内容和解答</b> </font>
<td width="20%" align="center"   height="25" bgcolor="#EFF9FE">
<font color="#008000"><b>提问时间</b></font>
</tr>
<tr th:each="problem,itemStat:${page.list}"    th:class='${(itemStat.count%2==0)?"tr1":"tr2"}' >
<td align=center >[[${itemStat.count}]]</td>
<td style="word-wrap:break-word" >
<pre><a th:href="'/youranswer/'+${problem.id}">
<span th:text="${problem.question}"></span></a><font color="black">
<p th:text="${problem.answer!=null?'回答:'+problem.answer:''}"></p></font></pre></td>
 <td align="center" ><span th:text="${problem.askdate}"> </span> </td>
 </tr>
</table>
<div align=center>
<form action="/process" method="post">
<font color=green><b>您的问题是：</b></font>
<br><br><textarea rows="8" name="ask" cols="78" wrap=hard></textarea><br>
 <input type="submit" value="提交问题" name="B1" class=button>
</form>
</div>
</body>
</html>
```

【程序清单——文件名为 answerpage.html】

```
<html xmlns:th="https://www.thymeleaf.org">
<head>
<meta http-equiv="Content-Type" content="text/html; charset=UTF-8" />
</head>
<body>
<pre><p th:text="${problem.question}"></p></pre>
<form action=""    th:attr="action=@{'/processanswer/'+${problem.id}}"    method="POST">
回答:<textarea name="myans" rows=5 cols=50 th:text="${problem.answer}">
</textarea>
<p><input type="submit" value="  提  交  "></p>
```

```
</form>
</body>
</html>
```

6．样式文件

【程序清单——文件名为 main.css】

```
TABLE {font-family: 宋体;FONT-SIZE: 9pt; TEXT-DECORATION: none}
TR.tr1{ BACKGROUND-COLOR: #f4f4f4 }
TR.tr2 { BACKGROUND-COLOR: #ffffff }
A:link { COLOR: #06c;FONT-SIZE: 9pt; TEXT-DECORATION: none}
A:visited {COLOR: #06c;FONT-SIZE: 9pt; TEXT-DECORATION: none}
```

10.1.6　MyBatis 的动态 SQL 编辑

MyBatis 中 Mapper 实际上是将 Java 方法调用转化为 SQL 语句的操作。当 SQL 语句拼写中需要进行各种判定处理时，MyBatis 提供了动态 SQL 的办法。早期的动态 SQL 是采用 XML 映射的办法，编写比较烦琐。现在动态 SQL 处理一般采用注解方式，借助自定义 Provider 类定义的方法完成动态 SQL 语句内容的构建。

对于查询的 SQL 语句可使用@SelectProvider 注解来实现动态 SQL 构建。

```
@Mapper
public interface ProblemMapper {
    @SelectProvider(type =ProblemProvider.class , method = "getProblem")
    Problem findById(long id);
}
```

其中，@SelectProvider 注解中的 type 属性用于指定产生动态 SQL 代码来自的类，method 属性用于指定类中的具体方法。这样在调用 ProblemMapper 接口的 findById()方法时将由 ProblemProvider 类的 getProblem()方法来动态产生 SQL 字符串。

以下代码是用字符串拼接的办法来产生 SQL 字符串，其中，#{id} 为引用 @SelectProvider 注解所加注方法 findById()的参数 id。

```
public class ProblemProvider{
      public String getProblem(){
            String sql ="select * from problem where ";
            sql += "id=#{id}";   //用字符串拼接办法完成构建
            return sql;
      }
}
```

更多情况下，可用结构化 SQL 对象来动态产生 SQL。SQL 对象提供了一组流式风格的处理方法来形成 SQL 语句的各个部分。

```
public class ProblemProvider{
    public String getProblem() {
```

```
            return new SQL() {
                {
                    SELECT("*");              //调用 SELECT()方法
                    FROM("problem");          //调用 FROM()方法
                    WHERE("id=#{id}");        //调用 WHERE()方法
                }
            }.toString();
    }
}
```

也可以给定义的方法提供参数。以下 getProblem()方法添加了参数 id，这个参数实际上对应 Mapper 接口中所定义方法的 id 参数，两者类型要求一致。这样就可以直接访问参数，而不需要用#{id}的引用方式。

```
public String getProblem(long id) {
    SQL sql = new SQL();
    sql.SELECT("*").FROM("problem");
    sql.WHERE("id=" + id);
    return sql.toString();
}
```

其他类型的 SQL 语句用对应的注解进行处理。以下用@UpdateProvider 注解来实现数据更新的动态 SQL。

```
@UpdateProvider(type = ProblemProvider.class, method = "updateProblem")
void update(Problem p);
public String updateProblem(Problem p) {
    SQL sql = new SQL();
    sql.UPDATE("problem");
    sql.SET("answer='"+p.answer+"'");
    sql.WHERE("id="+p.id);
    return sql.toString();
}
```

以下用@InsertProvider 注解来实现插入数据的动态 SQL。注意，数据内容为字符串的要添加引号，日期型数据也要用引号将数据内容括起来。代码中#{askdate}实际也是访问方法参数对象的 askdate 属性，这个属性用来记录提问时间。

```
@InsertProvider(type = ProblemProvider.class, method = "insertProblem")
void insert(Problem p);
public String insertProblem(Problem p) {
    SQL sql = new SQL();
    sql.INSERT_INTO("problem");
    sql.VALUES("question",   "'" + p.question + "'");
    sql.VALUES("who_ask",    "'" + p.who_ask + "'");
    sql.VALUES("askdate",    "#{askdate}");
    return sql.toString();
}
```

类似地，@DeleteProvider 注解可以设计用来进行数据删除的 SQL，在相应的动态 SQL 中，可以使用 DELETE_FROM()方法来设置要删除数据内容的表格。

10.2　使用 MyBatis-Plus 访问数据库

MyBatis-Plus（简称 MP）是 MyBatis 的增强工具，它是在 MyBatis 的基础上只做增强不做改变，为减少应用编程代码、提高开发效率而生。

10.2.1　MyBatis-Plus 简介

1．MyBatis-Plus 的特性

MyBatis-Plus 具有众多的特性，主要特性如下。

- 无侵入、损耗小、强大的 CRUD 操作。内置通用 Mapper、通用 Service，还有强大的条件构造器，满足各类使用需求。
- 支持 Lambda 形式调用，支持多种数据库，方便编写各类查询条件。
- 支持主键自动生成，支持 ActiveRecord 模式。支持多达 4 种主键策略。
- 支持自定义全局通用操作，支持关键词自动转义。
- 内置代码生成器、内置分页插件、内置性能分析插件。
- 内置全局拦截插件、内置 SQL 注入剥离器。

2．MyBatis-Plus 的框架结构

图 10-3 为 MyBatis-Plus 的框架结构。它借助实体定义的注解扫描，分析实体对象与关系表的对应关系，提供了丰富的服务接口和代码生成器，可简化应用编程。

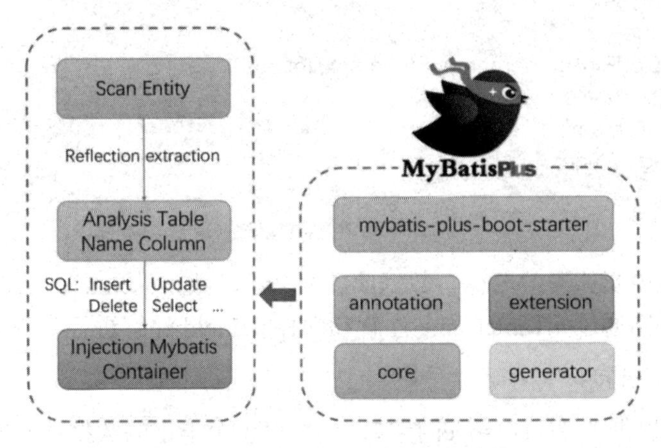

图 10-3　MyBatis-Plus 的框架结构

使用 MyBatis-Plus，要在工程的 POM 文件中添加 MyBatis-Plus 依赖。

```
<dependency>
```

```
        <groupId>com.baomidou</groupId>
        <artifactId>mybatis-plus-boot-starter</artifactId>
        <version>3.5.3</version>
</dependency>
```

10.2.2 简单的应用样例

1．设计关系表与实体类

假设有一个代表“人”的数据库表格 t_people，建表的 SQL 语句如下。

```
create   table   t_people_info (
    id int   auto_increment   comment 'ID',
    name varchar(255)   not null   comment '姓名',
    sex varchar(255)   not null comment '性别',
    age int     not null     comment '年龄',
    primary key (id)
);
```

不妨假设对应的实体类如下。通过@Data 等注解提供一系列方法。

【程序清单——文件名为 People.java】

```
@Builder
@Data
@TableName("t_people_info")          //指定数据库表格的表名
public class People {
    @TableId                         //当属性名为 id 时，该注解可以省略
    private int id;                  //ID
    @TableField("name")              //指示该属性在数据表中对应的字段名
    private String username;
    private String sex;
    private int age;
    public People( String username, String sex, int age) {
        this.username = username;
        this.sex = sex;
        this.age = age;
    }
}
```

【说明】程序中实体类的名称与数据库的表名不一致，username 属性名与表格字段名也不一致，因此分别通过@TableName 注解和@TableField 注解进行声明。

2．定义 Mapper 接口

MyBatis-Plus 提供了 BaseMapper 接口，其中提供了丰富的数据访问服务功能。通常，用户定义的 Mapper 接口只要继承该接口即可。

【程序清单——文件名为 PeopleMapper.java】

```
public interface PeopleMapper extends BaseMapper<People> {   }
```

3．调用 Mapper 操作访问数据库

以下 Bean 中利用 PeopleMapper 接口提供的功能，插入 3 条记录到数据库表格中。然后，把姓名中含有“张”的全部显示出来。

【程序清单——文件名为 PeopleMapperTest.java】

```
@Component
public class PeopleMapperTest implements ApplicationRunner {
    @Autowired
    private PeopleMapper peopleMapper;                    //注入 PeopleMapper 类型的 Bean

    public void run(ApplicationArguments args) throws Exception{
        List<People> list = new LinkedList<>();
        list.add( new People("张三","男",22));
        list.add( new People("李四","女",24));
        list.add( new People("张军","男",25));
        list.add( new People("刘艳","女",20));
        for (People people : list) {
            peopleMapper.insert(people);                          //插入数据
        }
        QueryWrapper<People> query = new QueryWrapper<>();  //查询条件构造器
        peopleMapper.selectList(query.like("name","张"))           //按查询要求获取数据
        .forEach(System.out::println);
    }
}
```

可以看出，使用 MyBatis-Plus 访问数据库要编写的代码可以很少。

【注意】在应用启动类的代码中要通过@MapperScan 注解定义 Mapper 的扫描路径。

```
@MapperScan("com.example.demo")
@SpringBootApplication
public class MyBatisplusApplication {
    public static void main(String[ ] args) {
        SpringApplication.run(MyBatisplusApplication.class, args);
    }
}
```

10.2.3　MyBatis-Plus 的条件构造器

为了通过方法调用来生成各种查询子句，MyBatis-Plus 提供了条件构造器，它支持流式风格。MyBatis-Plus 条件构造器进行了很好的封装处理，这里所谓的条件构造实际是要完成 SQL 语句中的查询条件表达。以下介绍其继承层次中应用较为典型的 3 个类。

1．AbstractWrapper

AbstractWrapper 为抽象类，后面介绍的两个类均继承该类，因此，这里定义的方法是普遍适用的。该类的部分方法介绍如下。

- 表达大小比较的方法：allEq()、eq()、ne()、gt()、ge()、lt()。

例如，gt("age", 18)用来表示 age > 18。值得注意的是，这里的 age 是指数据库表格的字段名，不是 Java 类的属性名。

- 表达区间范围的方法：between()、notBetween()。

例如，between("age", 18, 30)用来表示 age between 18 and 30。

- 表达模糊查询匹配的方法：like()、notLike()、likeLeft()、likeRight()、notLikeLeft()、notLikeRight()。

例如，like("name", "王")用来表示 name like '%王%'。

- 表达是否为空值的判定方法：isNull()、isNotNull()。

例如，isNull("name")用来表示 name is null。

- 生成 SQL 的 in 子句的方法：in()、notIn()、inSql()、notInSql()。

例如，in("age",{1,2,3})用来表示 age in (1,2,3)；inSql("id", "select id from table where id < 3")用来表示 id in (select id from table where id<3)。

以下利用条件构造器查询年龄为 30、31、34、35 的人。

```
QueryWrapper<People> queryWrapper = new QueryWrapper<>();
queryWrapper.in("age",Arrays.asList(30,31,34,35));
peopleMapper.selectList(queryWrapper).forEach(System.out::println);
```

这里，条件构造器的结果作为 Mapper 对象的 selectList()方法的参数。换句话说，就是按指定的“条件”获取查询结果。

- 产生 SQL 字段分组子句的方法：groupBy()。

例如，groupBy("id", "name")用来表示 group by id,name。

- 表达排序的方法：orderByAsc()、orderByDesc()、orderBy()。

例如，orderByDesc("id", "name")用来表示 order by id DESC,name D。

- 表达生成 HAVING 子句的方法：having()。
- 产生 SQL 的 or 和 and 连接运算符的方法：or()、and()。

例如，eq("id",1).or().eq("name","老王")用来表示 id = 1 or name = '老王'。

以下条件构造器构造的查询条件是：查询姓“王”或者年龄大于等于 25 岁的人，按照年龄降序排列，年龄相同按照 id 升序排列。

```
QueryWrapper<People>  queryWrapper = new QueryWrapper<>();
queryWrapper.likeRight("name","王").or().ge("age",25).orderByDesc("age").orderByAsc("id");
peopleMapper.selectList(queryWrapper).forEach(System.out::println);
```

- 表达 SQL 的 EXISTS 子句的方法：exists()、notExists()。

2．QueryWrapper

QueryWrapper 继承 AbstractWrapper 类，提供了 select()方法用于指定要查询的字段。

（1）select(String... sqlSelect)：通过可变长参数列出要查询的字段。

例如，select("id", "name", "age")表示选取 id、name 和 age 共 3 个字段。

（2）select(Predicate<TableFieldInfo> predicate)：挑选出满足指定条件的字段。

例如，select(i -> i.getProperty().startsWith("test"))表示选取字段名称以 test 开头的字段。

（3）select(Class<T> entityClass, Predicate<TableFieldInfo> predicate)：从指定实体类中挑选满足条件的属性作为查询字段。

3．UpdateWrapper

UpdateWrapper 继承 AbstractWrapper 类，提供了 set()和 setSql()方法，用来生成 SQL 的 update 语句中要修改的字段以及字段值。从以下样例可直观地看出两者的使用差异。

```
set("name", "张三")          //表示将 name 属性值改为“张三”
setSql("name = '李四'")      //表示将 name 属性值改为“李四”
```

10.2.4　MyBatis-Plus 的 BaseMapper 接口

在 MyBatis-Plus 中提供了内置的 Mapper，可高效实现 CRUD 操作。用户定义的 Mapper 接口只需继承 BaseMapper 即可获得 MyBatis-Plus 提供的基本 CRUD 功能。

1．插入操作（insert）

int insert(T entity)：将参数对象保存到数据库表格中。

2．删除操作（delete）

- int delete(Wrapper<T> wrapper)：删除满足条件的记录。
- int deleteBatchIds(Collection<? extends Serializable> idList)：根据 id 列表批量删除数据。
- int deleteById(Serializable id)：删除与 id 匹配的记录。
- int deleteByMap(Map<String, Object> columnMap)：删除与 columnMap 内容匹配的记录。

3．更新操作（update）

- int update(T updateEntity, Wrapper<T> whereWrapper)：按条件更新记录。
- int updateById(T entity)：根据 id 修改记录。

【注意】使用 updateById()方法，要求 entity 参数对应的实体类中的主键属性加上 @TableId 注解。

以下代码将 id 为 10 的用户的姓名改为“王五”。

```
People people = People.builder().id(10).username("王五").build();
peopleMapper.updateById(people);
```

4．查询操作（select）

- T selectById(Serializable id)：根据 id 查询。以下为使用样例。

```
People p = peopleMapper.selectById(143443L);
```

- T selectOne(Wrapper<T> queryWrapper)：查满足条件的第一条记录。
- List<T> selectBatchIds(Collection<? extends Serializable> idList)：根据 id 批量查询。

以下为方法使用样例，该段代码将列表中各个 id 对应的 People 对象输出。

```
List<Long> idsList = Arrays.asList(1094,4344,9323,9533); //获取 id 集合
peopleMapper.selectBatchIds(idsList).forEach(System.out::println);
```

- List<T> selectList(Wrapper<T> queryWrapper)：查满足条件的全部记录。

【注意】该方法在实际应用中使用较多。如果调用该方法时参数为 null，则表示没有条件约束，这种情形下将查询得到数据库表格中的所有记录。

以下代码输出年龄小于 40 岁的男性 People 对象。

```
QueryWrapper<People> queryWrapper = new QueryWrapper<>();
queryWrapper.eq("sex", "男");
queryWrapper.le("age", 40);
peopleMapper.selectList(queryWrapper).forEach(System.out::println);
```

- List<T> selectByMap(Map<String, Object> columnMap)：查匹配 columnMap 的所有记录。

数据库表格中每条记录可以映射为一个 Map 对象。以下为 Map 查询样例，它将把满足姓名为“张小明”且年龄为 25 岁的人输出。

```
Map<String,Object> columnMap = new HashMap<>();
columnMap.put("name","张小明");
columnMap.put("age",25);
peopleMapper.selectByMap(columnMap).forEach(System.out::println);
```

- List<Map<String, Object>> selectMaps(Wrapper<T> queryWrapper)：查满足条件的全部记录。
- List<Object> selectObjs(Wrapper<T> queryWrapper)：查满足条件的全部记录，只返回第一个字段的值。
- IPage<T> selectPage(IPage<T> page, Wrapper<T> queryWrapper)：查满足条件的全部记录，并支持翻页。
- IPage<Map<String, Object>> selectMapsPage(Page<T> page, Wrapper<T> queryWrapper)：查满足条件的全部记录，并支持翻页。
- Integer selectCount(Wrapper<T> queryWrapper)：查满足条件的总记录数。

除了上面列出的操作，还有映射（map）、分组（group）和列表（list）等操作。

10.2.5　MyBatis-Plus 的 IService 接口

MyBatis-Plus 通过 IService 接口提供 Service CRUD 的功能。使用 IService 需要另外两个接口的配合：BaseMapper 和 ServiceImpl。可以按如下形式定义 Bean。

```
@Service
```

```
public class MyServiceImpl    extends ServiceImpl<BaseMapper<People>,People>
                              implements    IService<People> {   }
```

然后，通过 MyServiceImpl 类型的 Bean 来访问服务功能，具体功能如下。

1．实现保存操作的方法

- boolean save(T entity)：插入一条记录。
- boolean saveBatch(Collection<T> entityList)：批量插入数据。

2．实现删除操作的方法

- boolean remove(Wrapper<T> queryWrapper)：删除满足条件的记录。
- boolean removeById(Serializable id)：删除 ID 匹配的记录。
- boolean removeByIds(Collection<? extends Serializable> idList)：根据 ID 列表集合批量删除记录。

3．实现更新操作的方法

- boolean update(Wrapper<T> updateWrapper)：按条件更新记录。
- boolean update(T updateEntity, Wrapper<T> whereWrapper)：按条件选择更新。
- boolean updateById(T entity)：根据 ID 批量更新。
- boolean updateBatchById(Collection<T> entityList)：根据 ID 批量更新。

4．实现保存或更新的方法

- boolean saveOrUpdate(T entity)：根据 TableId 注解是否存在来决定是进行更新操作还是插入操作。存在则更新记录，否则插入一条记录。
- boolean saveOrUpdate(T entity, Wrapper<T> updateWrapper)：更新满足条件的记录的内容。
- boolean saveOrUpdateBatch(Collection<T> entityList)：批量修改。

5．用来获取数据对象的方法

- T getById(Serializable id)：根据 ID 查询记录。
- T getOne(Wrapper<T> queryWrapper)：查询满足条件的一条记录。
- V getObj(Wrapper<T> queryWrapper, Function<? super Object, V> mapper)：查询满足条件的第一条记录，并通过转换函数将结果转换为 V 类型。

6．用来获取数据列表集合的方法

以下各种 list()方法获取不同形式表示的 List 结果。

- List<T> list()：查询获取所有记录。
- List<T> list(Wrapper<T> queryWrapper)：获取满足条件的记录。
- Collection<T> listByIds(Collection<? extends Serializable> idList)：根据 ID 批量查询。
- List<Map<String, Object>> listMaps()：查询获取所有记录。
- List<Object> listObjs()：查询获取所有记录。

7．用来实现计数统计的方法

- ❑ int count(Wrapper<T> queryWrapper)：统计满足条件的总记录数。
- ❑ int count()：统计总记录数。

10.2.6 用 MyBatis-Plus 实现数据分页处理

1．MyBatis-Plus 的分页设置

MyBatis 使用 PageHelper 分页，会先查询出所有数据再返回分页的数据，当数据量很大时查询会很慢。MyBatis-Plus 使用分页插件实现分页，效率更高。具体应用中需要如下配置，针对具体数据库类型设置分页拦截器，以便正确处理分页的方言。

【程序清单——文件名为 MyBatisPlusConfig.java】

```
@Configuration
public class MyBatisPlusConfig {
    @Bean
    public MybatisPlusInterceptor interceptor(){
        MybatisPlusInterceptor interceptor = new MybatisPlusInterceptor();
        //设置要拦截处理的数据库的类型
        interceptor.addInnerInterceptor(new PaginationInnerInterceptor(DbType.MYSQL));
        return interceptor;
    }
}
```

2．MyBatis-Plus 实现分页处理的方法

MyBatis-Plus 在 Mapper 层和标准服务层接口中均提供了分页处理的方法。实际应用中更多选择使用 Mapper 层接口提供的方法进行分页查询。

以下是使用 selectPage()方法实现分页的样例，它将获取年龄在 26 岁以上的人中的前 5 位（当前页是第 1 页，页的大小为 5）。

```
QueryWrapper<People> queryWrapper = new QueryWrapper<>();
queryWrapper.ge("age",26);                    //条件
Page<People>   page = new Page<>(1,5);        //当前页为第 1 页，每页 5 条数据
IPage<People>   ipage = peopleMapper.selectPage(page, queryWrapper);
System.out.println("当前页"+   ipage.getCurrent());
System.out.println("总记录数"+ ipage.getTotal());
List<People>   peoples = ipage.getRecords();  //获取当前页内容
System.out.println(peoples);
```

【注意】IPage 是一个接口，而 Page 是 IPage 的具体实现类。

以下是服务层提供的分页方法。

- ❑ IPage<T> page(IPage<T> page)：无条件分页查询。
- ❑ IPage<T> page(IPage<T> page, Wrapper<T> queryWrapper)：条件分页查询。
- ❑ IPage<Map<String, Object>> pageMaps(IPage<T> page)：无条件分页查询。

- IPage<Map<String, Object>> pageMaps(IPage<T> page, Wrapper<T> queryWrapper)：条件分页查询。

10.2.7　用 MyBatis-plus 实现答疑应用分页显示案例

本例将之前介绍的答疑应用改用 MyBatis-Plus 实现。首先进行分页配置，接下来定义 Mapper 接口，在控制器中调用 Mapper 接口中的方法获取分页数据，视图部分根据 IPage 分页对象中封装的属性对先前介绍的视图做简单调整即可。

1．定义 Mapper 接口

【程序清单——文件名为 ProblemMapper.java】

```
public interface ProblemMapper extends BaseMapper<Problem> { }
```

2．控制器的设计

以下控制器代码中直接通过 Mapper 层提供的功能访问数据库。

【程序清单——文件名为 AskController.java】

```
@Controller
public class AskController {
    @Autowired
    ProblemMapper mapper;

    @GetMapping(value = "/")                          //首页
    public String root() {
        return "redirect:/showPageProblem?page=1";
    }

    @PostMapping(value = "/process")
    public String askProcess( @RequestParam("ask") String question) {
        mapper.insert(new Problem(question, null));
        return "redirect:/";
    }

    @GetMapping(value = "/youranswer/{id}")
    public String ans(Model model, @PathVariable("id") long id) {
        Problem problem= mapper.selectById(id);
        model.addAttribute("problem", problem);
        return "answerpage";
    }

    @GetMapping("/showPageProblem*")                 //显示指定页
    public String getPage(@RequestParam("page") Integer page, Model model) {
        Page<Problem> page1 = new Page<Problem>(page,3);
        IPage<Problem> info = mapper.selectPage(page1, null);
        model.addAttribute("page", info);
        return "askpage";
```

```
    }

    @PostMapping(value = "/processanswer/{id}")
    public String ansProcess(@PathVariable("id") long id,
                        @RequestParam("myans") String answer) {
        Problem problem = mapper.selectById(id);
        problem.setAnswer(answer);                    //设置提问的回答
        QueryWrapper<Problem> queryWrapper = new QueryWrapper<>();
        queryWrapper.eq("id", id);
        mapper.update(problem,queryWrapper);     //更新指定 id 的提问
        return "redirect:/";
    }
}
```

其中，回答问题的更新处理还可以有多种表达方式，请读者思考这些表达的差异性。一种是将 Mapper 层调用 update()方法改为调用 updateById()方法。

```
Problem problem = mapper.selectById(id);
problem.setAnswer(answer);                                //修改对象
mapper.updateById(problem);                               //将更新的提问写入数据库表格
```

另一种办法是用 UpdateWrapper 来表达对提问的更新要求。这时，Mapper 层的 update()方法调用的第一个参数可写成 null。

```
UpdateWrapper<Problem>    updateWrapper = new UpdateWrapper<>();
updateWrapper.eq("id", id);
updateWrapper.set("answer", answer);
mapper.update(null, updateWrapper);                       //提问的更新要求全部体现在第 2 个参数中
```

3．视图文件的设计

视图文件只要在 MyBatis 部分所介绍的 askpage.html 基础上对模型变量的属性名进行更改即可。通过 page.current 获取当前页，通过 page.pages 获得页数，通过 page.records 获取数据内容列表。

第 10 章课件

第 10 章习题

第 10 章代码

第 11 章　面向消息通信的应用编程

异构系统之间的数据交换通常采用松耦合机制，Web 服务和消息队列服务得到广泛使用。高并发应用往往面临处理瓶颈，如淘宝的订单、铁道部的购票等，如果不丢给队列排队处理，大量用户访问可能让应用瘫痪。JMS（Java message service，Java 消息服务）是 Java 提供的消息服务编程接口，Spring 框架在 JMS 的基础上，对消息通信进行了简化封装。本章结合 ActiveMQ 和 RabbitMQ 消息队列服务，介绍用 Spring JMS 实现消息通信编程的方法。

11.1　异步通信方式与 JMS

11.1.1　异步通信方式

标准异步消息传递有点对点（P2P）和发布/订阅（Publish/Subscribe）两种方式。

（1）点对点方式：适用于发送方和接收方为一对一的情形。如果多个消费者在监听同一个队列，则一条消息只有一个消费者会接收到，如图 11-1 所示。

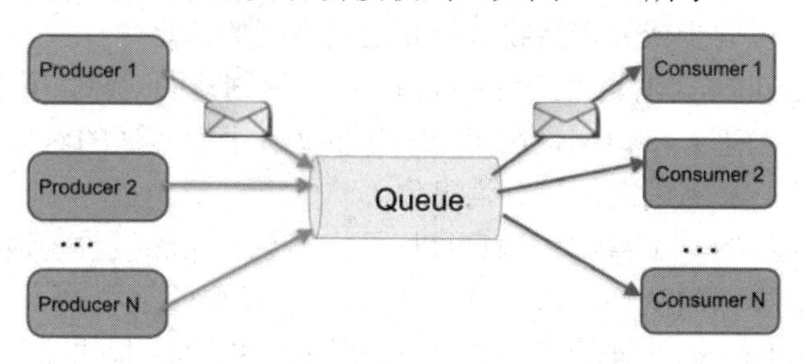

图 11-1　基于队列的消息通信

（2）发布/订阅方式：用于消息广播应用。通过一个称为主题（Topic）的虚拟通道交换消息。发布者发送给主题的消息将推送给该主题的所有订阅者，如图 11-2 所示。

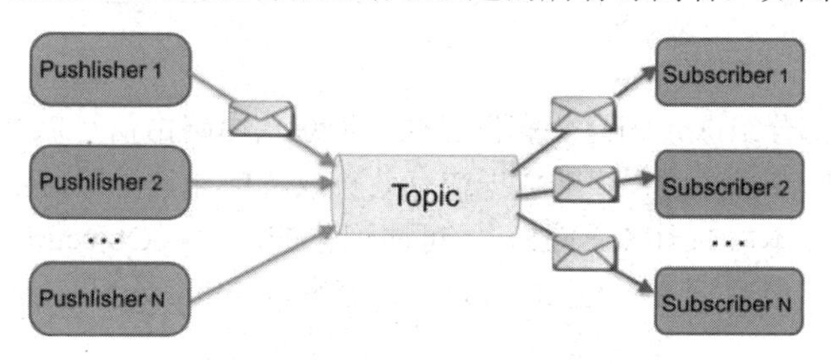

图 11-2　基于主题的消息通信

11.1.2　JMS

JMS 是 Java 平台中关于面向消息中间件（MOM）的 API，用于应用的异步通信。

1．JMS 接口

JMS 定义的接口以及它们之间的关系如图 11-3 所示。

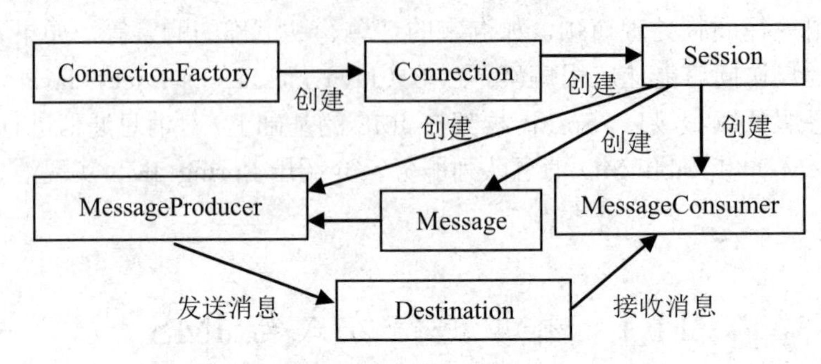

图 11-3　JMS 定义的接口及其之间的关系

【说明】

（1）Session（会话）接口：操作消息的接口。一个会话允许用户创建消息生产者来发送消息，创建消息消费者来接收消息。消息是按照发送的顺序逐个接收的。会话支持事务，通过事务控制一组消息的发送与回滚取消。

（2）MessageConsumer（消息消费者）接口：由会话创建的对象，用于接收发送到目标的消息。消费者可以同步或异步接收队列和主题类型的消息。

（3）MessageProducer（消息生产者）接口：由会话创建的对象，用于发送消息到目标。

（4）Message（消息）接口：是在消费者和生产者之间传送的对象。一个消息有 3 个主要部分，即消息头、一组消息属性、消息体。

（5）Destination（目标）接口：消息目标是指消息发布和接收的地点。JMS 有两种类型的目标，即点对点模型的队列，以及发布者/订阅者模型的主题。

（6）ConnectionFactory（连接工厂）接口：用来创建 JMS 提供者的连接的对象，是使用 JMS 的入口。

（7）Connection（连接）接口：连接代表了应用程序和消息服务器之间的通信链路。通过连接工厂可以创建与 JMS 提供者的连接，通过连接可创建会话对象。

2．JMS 消息

JMS 消息由两部分组成：消息头和消息体。消息头由路由信息以及有关该消息的元数据组成。消息体则携带着应用程序的数据或有效负载。Java 消息服务定义了 6 种消息体，它们分别携带简单文本（TextMessage）、可序列化的对象（ObjectMessage）、映射信息（MapMessage）、字节数据（BytesMessage）、流数据（StreamMessage），还有无有效负载的消息（Message）。

3．消息处理流程

发送端的标准流程是：创建连接工厂→创建连接→创建 Session→创建消息发送者→创建消息体→发送消息到 Destination（队列或主题）。

接收端流程则为：创建连接工厂→创建连接→创建 Session→创建消息接收者→创建消息监听器监听某 Destination 的消息→获取消息并执行业务逻辑。

直接采用 JMS API 编写消息通信应用有些烦琐，代码较长，本书不予介绍。

11.2　ActiveMQ 消息队列服务

ActiveMQ 是 Apache 研制的开源消息队列服务软件。ActiveMQ 实现了 JMS 规范，是一个标准的、面向消息的、能够跨越多语言和多系统的应用集成消息通信中间件，以异步松耦合的方式为应用程序提供通信支持。ActiveMQ 的安装配置如下。

（1）从 ActiveMQ 的官方网站 http://activemq.apache.org/下载 ActiveMQ。

（2）在本地解压后，进入 bin/win64 目录，双击 activemq.bat 文件即可启动 ActiveMQ。

（3）在浏览器地址栏中输入 http://localhost:8161/admin/，在弹出的登录对话框中输入用户和密码（均为 admin），进入 ActiveMQ 的网页图形化管理界面。可以通过该管理界面进行队列和主题的管理。

（4）ActiveMQ 提供了点对点和订阅/发布两个模型的消息通道，单击页面的 Queues 超链接，进入队列的管理界面，新建一个队列 TestQueue，如图 11-4 所示。随着应用的执行，可以刷新该页面观察队列的消息处理情况。同样，可以通过单击页面的 Topics 超链接进入主题的管理界面，创建某个名称的主题。

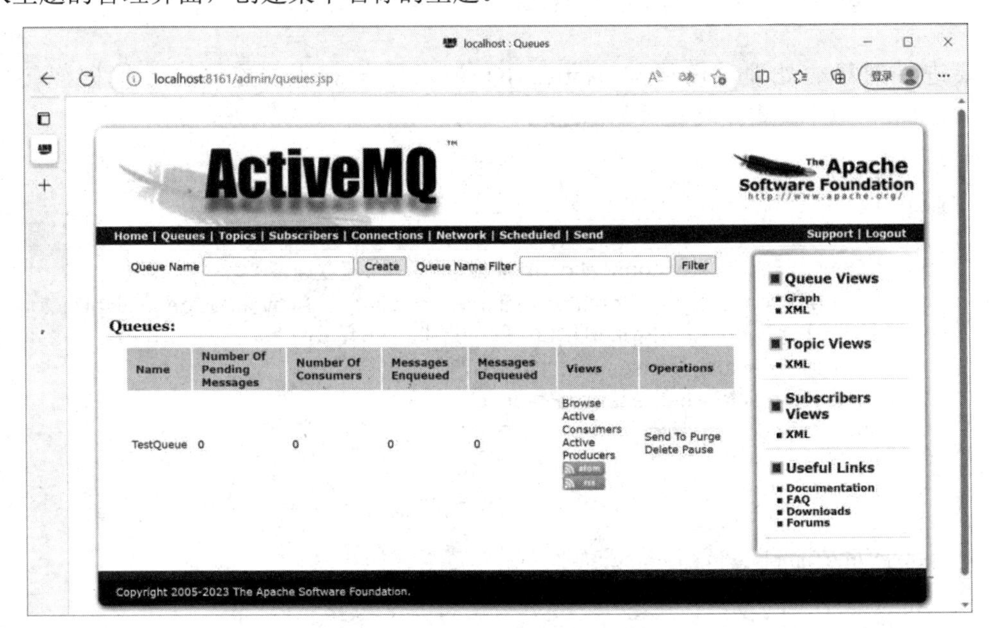

图 11-4　ActiveMQ 队列管理界面

在 Spring Boot 项目中，如果采用 ActiveMQ 作为消息队列服务器进行消息通信编程，需要添加如下依赖项。

```
<dependency>
    <groupId>org.springframework.boot</groupId>
    <artifactId>spring-boot-starter-activemq</artifactId>
</dependency>
<dependency>
    <groupId>org.apache.activemq</groupId>
    <artifactId>activemq-broker</artifactId>
</dependency>
```

11.3 Spring JMS 编程方法

Spring JMS 定义了一系列接口和类，对消息创建、消息转换、消息目标解析以及消息发送与接收方法进行了有效封装，从而简化消息通信应用编程处理。

（1）core 包提供在 Spring 中使用 JMS 的核心功能，其中，JmsTemplate 处理资源的创建和释放，简化了访问目标（队列或主题）和向指定目标发布消息时 JMS 的使用。

（2）support 包提供转换 JMSException 的功能；support 包的 converter 子包提供 MessageConverter 抽象，以在 Java 对象和 JMS 消息之间进行转换；support 包的 destination 子包提供管理 JMS 目标的不同策略。

（3）connection 包提供适合在独立应用程序中使用的 ConnectionFactory 实现。

11.3.1 用 JmsTemplate 发送消息

要进行消息的处理，需要与 ActiveMQ 消息服务器建立连接，并根据连接建立 JdbcTemplate。以下配置定义相关的 Bean。

```
@Configuration
public class MyConfig {
    @Bean
    public ConnectionFactory connectionFactory() {        //建立连接
        ActiveMQConnectionFactory connectionFactory = new ActiveMQConnectionFactory();
        connectionFactory.setBrokerURL("tcp://localhost:61616");
        connectionFactory.setUserName("admin");
        connectionFactory.setPassword("admin");
        return connectionFactory;
    }

    @Bean
    public JmsTemplate jmsTemplate() {
        return new JmsTemplate(connectionFactory());
    }
}
```

实际上，在 Spring Boot 应用中，只要配置了与消息服务器的连接，连接成功后，容器中就会自动建立 JmsTemplate 的 Bean 对象。

Spring 的 JmsTemplate 简化了 JMS 操作，表 11-1 列出了 JmsTemplate 的几个常用方法。

表 11-1　JmsTemplate 的常用方法

方 法 名 称	功　　能
send	发送消息至指定的目标。可通过设置 JmsTemplate 的 defaultDestination 属性指定默认目标
receive	以同步方式从指定目标接收消息，可通过设置 JmsTemplate 的 receiveTimeout 属性指定超时时间
convertAndSend	委托 MessageConverter 接口实例处理转换，并发送消息至指定目标
receiveAndConvert	从默认或指定的目标接收消息，并将消息转换为 Java 对象

以下代码通过 JmsTemplate 对象的 send()方法发送文本类型消息到目标。发送的消息通过 MessageCreator 对象以回调 createMessage()方法的方式创建。

```
public void sendMessage(Destination destination,final String message) {
    jmsTemplate.send(destination, new MessageCreator() {
        public Message createMessage(Session session) throws JMSException {
            return session.createTextMessage(message);
        }
    });
}
```

以上发送消息的代码有些复杂。更多情况下，用 JmsTemplate 对象发送消息是借助消息转换器实现的。借助消息转换器，JmsTemplate 提供了如下方法直接发送 Java 对象到目标。

- convertAndSend(Object message)：发送对象到默认目标。
- convertAndSend(Destination dest,Object message)：发送对象到指定目标。

MessageConverter 接口在 JMS 之上搭建一个隔离层，这样使用者可直接发送和接收 POJO（plain ordinary Java object）。SimpleMessageConverter 是 MessageConverter 的默认实现。它可将 String 转换为 JMS 的 TextMessage，将字节数组（byte[]）转换为 JMS 的 BytesMessage，将 Map 转换为 JMS 的 MapMessage，将 Serializable 对象转换为 JMS 的 ObjectMessage。

11.3.2　消息接收处理

1. 消息接收处理方法

消息接收有两种方式，一种是同步方式，采用 JmsTemplate 的 receive()方法，默认情况下，调用 receive()方法之后将会等待消息发送至 Destination。另一种是异步方式，它是最常用的方式，采用事件驱动。JMS 提供了消息监听器接口 MessageListener 来实现消息的异步接收，该接口中只含 onMessage()方法，消息到来时将触发执行该方法。

以下代码接收处理文本类型消息。

```
public class Receiver implements MessageListener {
    public void onMessage(Message message) {
        if(message instanceof TextMessage) {
            TextMessage textMessage = (TextMessage) message;
            try {
                System.out.println("收到消息: " + textMessage.getText());
            } catch(JMSException e) {   }
        }
    }
}
```

这里通过 TextMessage 对象的 getText()方法得到消息内容。其他常见的消息类型有 ObjectMessage、MapMessage、BytesMessage、StreamMessage 等。

2．对象消息（ObjectMessage）的处理

对于 ObjectMessage 类型的消息，可通过 JmsTemplate 的 getMessageConverter()方法得到消息转换器，借助消息转换器的 fromMessage(Message message)方法获取消息内容。

【注意】出于安全考虑，新版 ActiveMQ 中默认限制对象消息的传送。为了支持对象消息传送，需添加信任设置，用连接工厂对象的 setTrustAllPackages(true)方法进行设置。或者在属性配置文件 application.properties 中进行如下设置。

```
spring.activemq.packages.trust-all=true
```

如果要通过消息通信传送文件，可以将文件名和文件内容通过 Map<String,Object>存放，然后将 Map 对象转换为消息发送。

以下给出利用消息服务实现文件传送的方法。

（1）发送方可以采用如下方法读取某个 File 对象的文件名及内容存入 Map 中。

```
Map<String,Object> map = new HashMap<String,Object>();
map.put("filename", file.getName());        //filename 对应键值为文件名
InputStream inputstream = new   FileInputStream(file);
int len = (int) file.length();
byte data[ ] = new byte[len];
inputstream.read(data);                      //从文件读字节数据到字节数组中
map.put("content", data);                    //content 对应键值为文件的字节数据
```

（2）接收方处理 MapMessage，可以用 MapMessage 提供的方法获取数据内容。获取文件名用 getString()方法，获取文件内容用 getBytes()方法。

```
MapMessage ms = (MapMessage) message;
String   name = ms.getString("filename");
byte[ ]   data = ms.getBytes("content");
```

文件名和内容合并发送的好处是接收者能统一接收，如果分两个消息发送，在消息队列中消息可能被两个不同的接收者取走。

3．消息监听容器

Spring 通过消息监听容器来包裹 MessageListener。Spring Boot 将自动检测消息变换的

存在，并将它们与 JmsTemplate 以及 JMS 监听容器建立关联。

常用消息监听容器有两种，它们是 AbstractMessageListenerContainer 的子类。

- SimpleMessageListenerContainer：最简单的消息监听容器，它在启动时创建固定数量的 JMS Session，并在容器的整个生命周期中使用这些 Session。该容器不能动态适应运行时的要求，也不能参与消息接收的事务处理。
- DefaultMessageListenerContainer：使用最多的消息监听容器，它可以动态适应运行时的要求，也可以参与事务管理。

针对上述两类监听容器，Spring 提供了两种 JmsListenerContainerFactory 实现，分别是 SimpleJmsListenerContainerFactory 和 DefaultJmsListenerContainerFactory。

11.4　Spring Boot 整合 ActiveMQ 样例

Spring Boot 中提供了@JmsListener 注解，可以将监听处理程序与消息监听容器和消息目标（主题或队列）进行绑定，从而方便编写消息处理程序。

1. 消息监听处理 Bean

以下代码通过@JmsListener 注解来定义消息监听处理程序，分别针对队列和主题定义了相应的监听处理程序。

【程序清单——文件名为 BootReceiver.java】

```
@Component
public class BootReceiver {
    @JmsListener(destination = "testQueue", containerFactory = "myFactory")
    public void receiveMessage( String   message) {        //接收队列消息
        System.out.println("Received queue message <" + message + ">");
    }

    @JmsListener(destination = "mytopic", containerFactory = "topicFactory")
    public void receiveMessage2(String message) {        //接收主题消息
        System.out.println("Received topic message <" + message + ">");
    }
}
```

【说明】@JmsListener 注解的参数包括消息的目标和消息包裹容器工厂对象。该注解定义的消息处理程序的方法参数就是消息内容，它可以是任何 POJO 对象。

2. 应用入口和其他相关 Bean

【程序清单——文件名为 Application.java】

```
@SpringBootApplication
@EnableJms
public class Application {
    @Bean
```

```
    public ConnectionFactory connectionFactory(){                    //建立连接
        ActiveMQConnectionFactory connectionFactory = new ActiveMQConnectionFactory();
        connectionFactory.setBrokerURL("tcp://localhost:61616");
        connectionFactory.setUserName("admin");
        connectionFactory.setPassword("admin");
        return connectionFactory;
    }

    @Bean                                                            //定义队列的消息监听容器
    public JmsListenerContainerFactory<?> myFactory(ConnectionFactory connectionFactory,
                DefaultJmsListenerContainerFactoryConfigurer configurer) {
        DefaultJmsListenerContainerFactory factory=new DefaultJmsListenerContainerFactory();
        configurer.configure(factory, connectionFactory);
        return factory;
    }

    @Bean                                                            //定义主题的消息监听容器
    public JmsListenerContainerFactory<?> topicFactory(ConnectionFactory connectionFactory,
                DefaultJmsListenerContainerFactoryConfigurer configurer) {
        DefaultJmsListenerContainerFactory factory=new DefaultJmsListenerContainerFactory();
        configurer.configure(factory, connectionFactory);
        factory.setPubSubDomain(true);                               //支持发布订阅
        return factory;
    }

    public static void main(String[ ] args) {
        ConfigurableApplicationContext context = SpringApplication.run(Application.class, args);
        JmsTemplate jmsTemplate = context.getBean(JmsTemplate.class);
        jmsTemplate.convertAndSend("testQueue", "Hello");  //发送消息
        jmsTemplate.convertAndSend(new ActiveMQTopic("mytopic"), "大家好！");
    }
}
```

【运行结果】

```
Received queue message <Hello>
Received topic message <大家好！>
```

【说明】@EnableJms 注解会触发寻找添加@JmsListener 注解的方法，让其生效。Spring Boot 应用会自动检测和启用 JMS 处理，@EnableJms 注解不是必需的。

【技巧】在该应用程序中定义了两类消息监听容器，基于主题的消息监听容器要通过 setPubSubDomain()方法设置支持发布订阅。注意，发送消息时通过字符串指定的目标默认是队列名，针对主题的目标要创建 ActiveMQTopic 类型的对象来进行指定。

以上程序中通过 Java 代码定义 Bean 来实现与 ActiveMQ 消息服务器的连接，也可以在属性配置文件中定义连接配置，Spring Boot 会自动根据配置信息建立与消息服务器连接的 Bean，并自动建立 JmsTemplate 的 Bean。

以下为 application.properties 配置文件的代码。

```
spring.activemq.broker-url = tcp://localhost:61616
spring.activemq.user=admin
spring.activemq.password=admin
```

11.5　利用消息通信实现仿 QQ 即时通信案例

QQ 应用中可以给好友发消息，也可在群组中发消息。本案例采用消息服务来模拟 QQ 应用，每个用户在消息服务器上有属于自己的消息队列，用户之间发送消息，只需发往对方的队列。群组对应消息服务器的某主题，用户加入群组相当于订阅该主题的消息。

本应用利用 Java 的桌面窗体应用界面来实现类似 QQ 的操作，读者可从此案例体会由代码动态决定消息目标的应用编程处理技巧。

本案例从简考虑，没有采用数据库存储好友和群组信息。在选择好友和群组的界面，通过列表框固定提供 3 个好友和 3 个群组，好友名称和群组名称分别对应消息服务器上的队列名称以及群组名称。读者可在此基础上进行改进，引入数据库存储用户以及用户的好友名和群组名，用户登录后根据数据库中信息选择好友或群组。

1．配置程序

本应用的消息通信只有与消息服务器的连接和 JmsTemplate 对象是固定的，考虑到发送文件是包装成对象进行发送的，因此需要给消息服务的连接对象添加信任设置。

【程序见本章电子文档，文件名为 MyConfig.java】

2．消息接收处理程序

消息接收后在文本域中显示。因此，将窗体中创建的消息显示文本域通过构造方法传递进来。发送的消息除了普通文本消息，还可以是文件。发送的文件被封装成 MapMessage，程序中设定将收到的文件存放在 c 盘的 dat 目录中。

【程序见本章电子文档，文件名为 Receiver.java】

3．应用入口程序

应用包含 3 个界面，分别是用户登录界面（见图 11-5）、选择好友或群组界面（见图 11-6）、消息通信界面（见图 11-7）。3 个界面通过窗体容器的卡片布局进行切换。程序运行时根据应用界面中列表框的选择来决定消息目标的创建。

程序中对于列表框中的选择事件，单击一下往往会出现两次事件，分别出现在鼠标按下和鼠标释放时，为了避免重复处理，借助事件对象的 getValueIsAdjusting()方法进行判断，鼠标按下时值为 true，鼠标释放时其值为 false。

消息监听处理器（receiver）以及消息包裹容器也是通过 Java 代码动态构建的。以下是创建消息包裹容器并进行设置的代码。注意，设置好包裹容器的参数后，要执行 initialize()方法完成初始化，然后执行 start()方法来启动消息监听的运作。

```
DefaultMessageListenerContainer con = new DefaultMessageListenerContainer();
con.setConnectionFactory(confactory);
```

```
con.setDestination(new ActiveMQQueue(userid));    //与登录用户关联的消息目标
con.setMessageListener(receiver);                 //设置容器的消息监听处理器
con.initialize();                                 //消息监听容器初始化
con.start();
```

【程序见本章电子文档，文件名为 MyFrame.java】

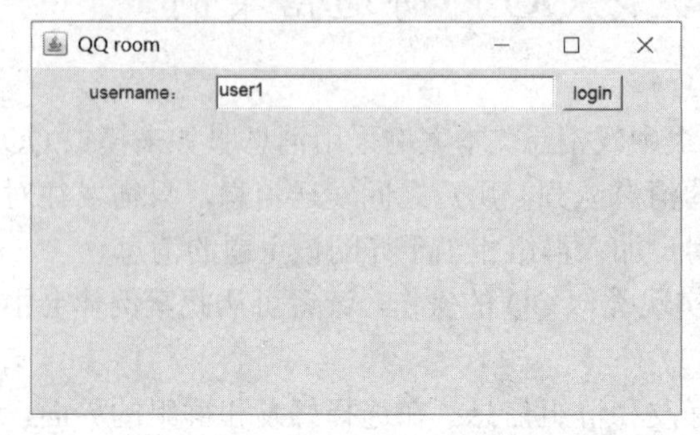

图 11-5　用户登录界面

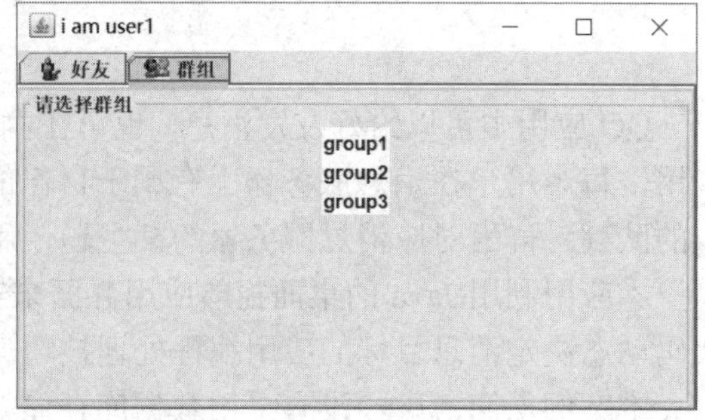

图 11-6　选择好友或群组界面

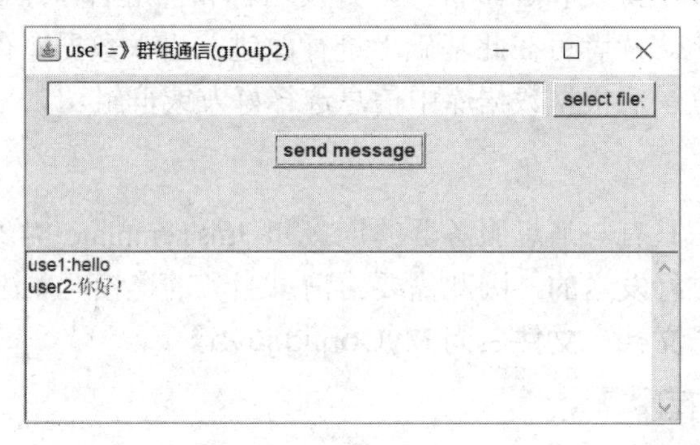

图 11-7　消息通信界面

11.6　RabbitMQ 消息通信编程

RabbitMQ 是一个支持 AMQP（Advanced Message Queuing Protocol）标准的消息服务器。RabbitMQ 支持各种消息传递模式，包括点对点、发布/订阅、多播、RPC 等。

RabbitMQ 的安装包可以在 RabbitMQ 的官方网站下载。RabbitMQ 是基于 Erlang 语言开发的，在本地计算机上安装 RabbitMQ 服务有些复杂，需要先安装 OTP（网址为 https://www.erlang.org/downloads）。

1．RabbitMQ 的消息通信处理部件

RabbitMQ 中的核心组件是 Exchange（交换器）和 Queue（消息队列），Exchange 接收来自发送者的消息并路由传递消息，然后将消息发给消息队列。Exchange 和 Queue 通过绑定关键字实现绑定。交换器通过消息的路由关键字查找匹配的绑定关键字，将消息路由到被绑定的队列中。路由规则是由 Exchange 类型及 Binding 来决定的。典型消息处理流程如图 11-8 所示。

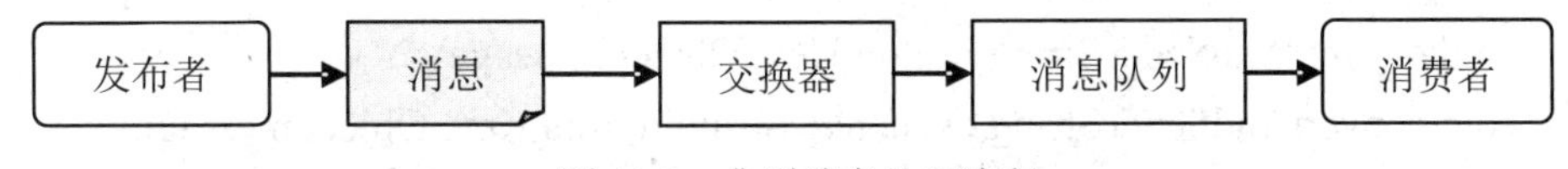

图 11-8　典型消息处理流程

RabbitMQ 的交换器有 direct、topic、fanout、Headers 共 4 种类型。一个交换器可以绑定多个队列，一个队列可以被多个交换器绑定。

- 直接交换（direct）将消息转发到绑定关键字与路由关键字精确匹配的队列。如图 11-9 所示，P 代表消息生产者，C 代表消息消费者，X 代表交换器。假如发送消息的路由关键字为 black 或 green，将送 Q2 队列，路由关键字为 orange 则送 Q1 队列。

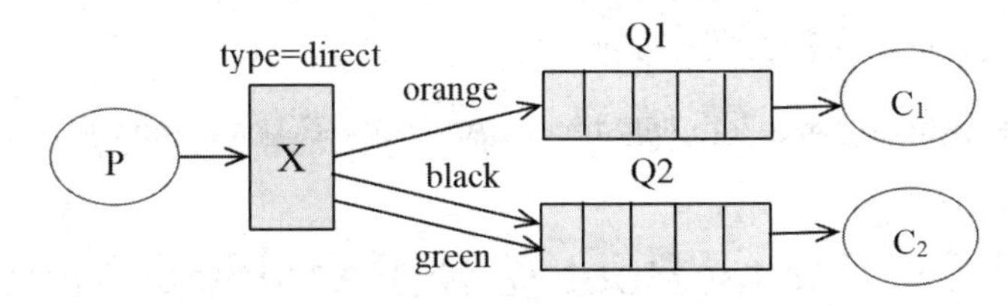

图 11-9　直接交换根据消息的路由关键字选择路由

- 主题交换（topic）按规则转发消息。可使用通配符参与路由匹配，“*”代表一个单词，“#”可代表 0 到多个单词。例如，“ab.#”匹配“ab”和“ab.x.s”，“a.*”匹配“a.xy”。
- fanout 交换器最简单，它将消息广播给所有绑定队列。
- Headers 是一种基于消息头的复杂交换器。

2．使用 AmqpTemplate 或 RabbitTemplate 发送和接收消息

AmqpTemplate 和 JmsTemplate 在功能上有相似性，也提供了 send()、receive()、convertAndSend()、receiveAndConvert()等方法。但这里发送的消息可能经过交换器和路由关键字来选择路由。其中，交换器和路由关键字可通过 send()方法的参数指定，也可分别通过 AmqpTemplate 的 setExchange()方法和 setRoutingKey()方法独立设置。

以下为使用 send()方法发送消息的几种形态。

- void send(Message message);。
- void send(String routingkey, Message message);。
- void send(String exchange, String routingKey, Message message);。

接收消息有同步和异步两种情形。同步接收使用 receive()方法，具体形态有两种。

- Message receive();：从默认队列接收消息。
- Message receive(String queueName);：从指定队列接收消息。

AmqpTemplate 还支持基于消息转换器（message converter）的消息发送和接收方法，可直接发送和接收对象。发送消息的 convertAndSend()方法有多种形态，最简单的形态只含消息对象一个参数，最复杂的形态则要提供交换器、路由关键字、消息和消息后处理程序共 4 个参数。以下列出常用的 3 种方法。

- void convertAndSend(Object message);。

- void convertAndSend(String routingKey, Object message);。
- void convertAndSend(String exchange,String routingKey, Object message);。

【注意】当 AmqpTemplate 对象未通过 setExchange()方法绑定交换器时，第 2 种方法的 routingKey 参数为消息队列名。例如，以下代码发送一条消息到 messages 队列。

```
amqpTemplate.convertAndSend("messages","hello" );
```

消息接收方法 receiveAndConvert 只有两个形态，其中，无参方法是从 AmqpTemplate 对象设置时的属性注入队列名。

- Object receiveAndConvert();：从默认队列接收消息。
- Object receiveAndConvert(String queueName);：从指定队列接收消息。

以下代码从 messages 队列接收一条消息。

```
String message = (String)amqpTemplate.receiveAndConvert("messages");
```

11.7 Spring Boot 整合 RabbitMQ 样例

1. 创建工程，添加 Maven 依赖及属性配置

在创建 Spring Starter 工程时，选择消息处理部分的 Rabbit MQ 项目，将自动添加依赖项 spring-boot-starter-amqp。

```
<dependency>
    <groupId>org.springframework.boot</groupId>
    <artifactId>spring-boot-starter-amqp</artifactId>
</dependency>
```

在工程的 application.properties 文件中添加 RabbitMQ 的连接配置信息。

```
spring.rabbitmq.host=127.0.0.1
spring.rabbitmq.port=5672
spring.rabbitmq.username=guest
spring.rabbitmq.password=guest
```

以上设置实际上是 RabbitMQ 的默认设置，安装 RabbitMQ 后就自动创建账户 guest，监听端口也默认是 5672。

2. 编写 RabbitConfig 配置类

在配置类中定义若干 Bean 对象，分别实现与 RabbitMQ 服务器的连接、创建 RabbitTemplate 模板对象，以及配置队列、交换器和路由等。

【程序清单——文件名为 RabbitConfig.java】

```
@Configuration
public class RabbitConfig {
    @Value("${spring.rabbitmq.host}")                    //获取属性配置文件中的值
    private String host;                                  //主机
    @Value("${spring.rabbitmq.port}")
```

```
    private int port;                                        //端口
    @Value("${spring.rabbitmq.username}")
    private String username;                                 //用户
    @Value("${spring.rabbitmq.password}")
    private String password;                                 //密码

    @Bean
    public ConnectionFactory connectionFactory() { //建立连接
        CachingConnectionFactory connectionFactory =
                new CachingConnectionFactory(host,port);
        connectionFactory.setUsername(username);
        connectionFactory.setPassword(password);
        connectionFactory.setVirtualHost("/");
        return connectionFactory;
    }

    @Bean
    public RabbitTemplate rabbitTemplate() {           //创建 RabbitTemplate 模板
        RabbitTemplate template = new RabbitTemplate(connectionFactory());
        return template;
    }
}
```

以上代码中通过@Value注解从配置文件中读取属性值给在RabbitConfig类中的各个属性变量赋值。

接下来，在 RabbitConfig 类中添加以下 Bean，分别创建交换器、队列，并进行路由绑定。实际应用中，一个交换器可以绑定多个消息队列，从而实现将消息通过交换器分发到多个队列中。

```
@Bean
public DirectExchange defaultExchange() {
    return new DirectExchange("myexchange");
}

@Bean
public Queue queueA() {
    return new Queue("QUEUE_A", true);              //创建持久队列
}

@Bean
public Binding binding() {                          //实现路由与队列的绑定
    return BindingBuilder.bind(queueA()).to(defaultExchange()).with("route-1");
}
```

3．编写消息接收处理程序

Spring Boot 提供了@RabbitListener 注解用于定义消息监听处理程序。一种做法是将@RabbitListener 注解标注在类上。这时要配合将@RabbitHandler 注解标注在消息处理方法上，通过方法参数获取消息内容。这种标注形式更适合同一类中有多个接收处理程序的情

形，每个接收处理程序接收不同类型的消息。

【程序清单——文件名为 MsgReceiver.java】

```
@Component
@RabbitListener(queues = "QUEUE_A")
public class MsgReceiver {
    @RabbitHandler
    public void process(String content) {
        System.out.println("接收处理队列 A 的字符串消息：  "+content);
    }

    @RabbitHandler
    public void process2( List content) {
        System.out.println("接收处理队列 A 的列表消息：  "+content);
    }
}
```

也可将@RabbitListener 注解标注在消息处理方法上，不用@RabbitHandler 注解。

```
@Component
public class MsgReceiver {
    @RabbitListener(queues = "QUEUE_A")
    public void process(String content) {
        System.out.println("接收处理队列 A 的消息：  "+content);
    }
}
```

4．在应用主程序中发送消息

在应用主程序中利用 RabbitTemplate 对象的 convertAndSend()方法发送消息。

【程序清单——文件名为 RabbitApp.java】

```
@SpringBootApplication
public class RabbitApp {
    public static void main(String[ ] args) {
        ConfigurableApplicationContext context = SpringApplication.run(RabbitApp.class, args);
        RabbitTemplate rabbit = context.getBean(RabbitTemplate.class);
        rabbit.convertAndSend("myexchange", "route-1","Hello");    //通过交换器和路由发送消息
        rabbit.convertAndSend("QUEUE_A",List.of(20,30));             //直接发送消息给队列
    }
}
```

运行程序，在控制台可看到如下输出结果：

```
接收处理队列 A 的字符串消息：Hello
接收处理队列 A 的列表消息：[20, 30]
```

第 11 章课件

第 11 章习题

第 11 章代码

第 12 章　Spring Boot WebSocket 编程

WebSocket 是 HTML5 新增特性之一，目的是在浏览器端与服务器端之间建立全双工的通信方式，对聊天、游戏等实时性要求高的应用提供全新支持。为了建立 WebSocket 连接，浏览器端首先要向服务器发起一个申请协议升级的 HTTP 请求，握手成功后进入双向长连接阶段，双方就可以通过这个连接通道传递信息，并且这个连接会持续存在，直到客户端或者服务器端的某一方主动关闭连接。在 Java EE 中提供了@ServerEndpoint 注解，用来定义 WebSocket 的服务端点，并提供了@OnOpen、@OnClose、@OnError、@OnMessage 等注解，可加注在特定方法前，用来处理来自 WebSocket 的相应类型的事件。

本章介绍 Spring Boot WebSocket 编程处理方法，重点介绍基于 STOMP 协议的应用配置，以及浏览器客户方和服务方进行发布/订阅消息通信的编程技巧。

12.1　Spring 底层 WebSocket 编程

用 Spring Boot 构建 WebSocket 应用，只需要添加以下依赖项。

```
<dependency>
    <groupId>org.springframework.boot</groupId>
    <artifactId>spring-boot-starter-websocket</artifactId>
</dependency>
```

本节以设计一个无须登录的特殊聊天室为例来介绍 Spring 底层 Websocket 的配置及应用编程处理。

12.1.1　WebSocket 的注解配置

Spring 提供了 WebSocketConfigurer 接口用于实现服务方的底层 WebSocket 配置，底层 WebSocket 配置要给 WebSocket 注册消息处理程序和建立连接前后的握手处理拦截器。通过它们的编程实现个性化的消息处理。

【程序清单——文件名为 MyWebSocketConfig.java】

```
@Configuration
@EnableWebSocket                                                   //开启 WebSocket
public class MyWebSocketConfig implements WebSocketConfigurer {
    public void registerWebSocketHandlers(WebSocketHandlerRegistry registry)  {
        registry.addHandler(myHandler(), "/websocket")
        .addInterceptors(handshakeInterceptor());
```

```
    }

    public ChatHandler   myHandler() {                                  //处理事件及消息
        return new ChatHandler();
    }

    public HandshakeInterceptor handshakeInterceptor() {                //握手前后处理
        return new HandshakeInterceptor();
    }
}
```

【说明】程序中的/websocket 表示连接端点，客户方与服务器建立 WebSocket 连接时要依据该标识确定连接的具体应用的 WebSocket 服务。addHandler()方法达到路由的功能，当客户端发起 websocket 连接或者发送消息时，将由对应的 handler 处理程序进行处理，而 addInterceptors()是为 handler 添加拦截器，在调用 handler 前后加入自己的逻辑。

12.1.2　握手处理拦截器

Spring WebSocket 配置允许添加客户与服务器连接握手前后处理的拦截器，通过继承 HttpSessionHandshakeInterceptor 来编写拦截器。该聊天室设计没有用户登录环节，为了区分用户，在 WebSocket 会话中添加一个 user 属性，其中记录每个用户的昵称，昵称从一个字符串数组中随机抽取。在后续对话过程中，用这个昵称代表用户。

其中，beforeHandshake()方法在调用 handler 前执行，常用来注册用户信息，绑定 WebSocketSession，实际应用中还可以建立用户标识与 WebSocketSession 的 Map 映射，将来在 handler 里可根据用户来获取对应的 WebSocketSession 进行个性化消息发送。

【程序清单——文件名为 HandshakeInterceptor.java】

```
public class HandshakeInterceptor extends HttpSessionHandshakeInterceptor{
    public boolean beforeHandshake(ServerHttpRequest request,
            ServerHttpResponse response, WebSocketHandler handler,
            Map<String, Object> attributes) throws Exception   {   //握手前
        attributes.put("user", getRandomNickName());
        return super.beforeHandshake(request, response, handler, attributes);
    }

    //给每个进来的人（session）随机分配一个昵称
    public String getRandomNickName(){
        String[ ] nickNameArray={"Mary","John","Smith","Jerry","Cat"};
        Random random = new Random();
        return nickNameArray[random.nextInt(5)];
    }
}
```

【思考】在 beforeHandshake()方法中将用户的昵称存入记录 WebSocket 会话内容的属性 user 中，用户的昵称是从 5 个字符串元素中选一个，难免出现重复选择的现象。可以考

虑添加一个随机数值作为昵称的后缀，以示区分，如用户可能是 Smith1 或者 Mary3。

12.1.3　消息处理程序

在 Spring 中定义了一个接口 WebSocketHandler，其中定义了 WebSocket 进行操作处理，该接口中定义了如下 5 个方法。

```
public interface WebSocketHandler {
    void afterConnectionEstablished(WebSocketSession session) throws Exception;
        //连接建立后执行
    void handleMessage(WebSocketSession session, WebSocketMessage<?> message)
        throws Exception;                    //处理消息
    void handleTransportError(WebSocketSession session, Throwable exception)
        throws Exception;                    //处理传输错误
    void afterConnectionClosed(WebSocketSession session, CloseStatus closeStatus)
        throws Exception;                    //连接关闭后执行
    boolean supportsPartialMessages();  //是否支持分片消息处理
}
```

相比直接实现这 5 个方法，更为简单的处理是扩展 AbstractWebSocketHandler 抽象类，这是 WebSocketHandler 接口的一个抽象实现类，除了重载接口中的 5 个方法，该抽象类还有以下 3 个方法来处理特定类型的消息，它们比 handleMessage()方法处理消息更为具体。

- handleTextMessage()：处理文本消息。
- handleBinaryMessage()：处理二进制消息。
- handlePongMessage()：处理心跳响应消息。

在聊天室设计中，用到 handleTextMessage()方法，如果应用中要传输文件，则在接收客户方发送过来的二进制数据时可用 handleBinaryMessage()方法进行编程处理。

本应用还对连接的建立和关闭感兴趣，新用户进来和用户离开时均要更新在线用户的信息记录，程序中通过一个列表 sessionList 记录所有用户的 WebSocketSession 信息，给用户推送消息要借助 WebSocketSession 对象的 sendMessage()方法。给所有在线用户推送消息只要遍历列表中的对象元素，给每个对象调用 sendMessage()方法即可。

【程序清单——文件名为 ChatHandler.java】

```
public class ChatHandler extends AbstractWebSocketHandler {
    public final static List<WebSocketSession> sessionList = Collections
            .synchronizedList(new ArrayList<WebSocketSession>());
    public void afterConnectionEstablished(WebSocketSession webSocketSession)
            throws Exception {
        System.out.println("Connection established..."
                + webSocketSession.getRemoteAddress());
        System.out.println(webSocketSession.getAttributes().get("user")+ " Login");
        webSocketSession.sendMessage(new TextMessage("I'm "
                + (webSocketSession.getAttributes().get("user"))));
        sessionList.add(webSocketSession);
```

```
    }

    public void afterConnectionClosed(WebSocketSession webSocketSession,
                CloseStatus status) throws Exception {
        System.out.println("Connection closed..."
                    + webSocketSession.getRemoteAddress() + " " + status);
        System.out.println(webSocketSession.getAttributes().get("user")+ " Logout");
        sessionList.remove(webSocketSession);
    }

    public void handleTextMessage(WebSocketSession websocketsession,
                TextMessage message) {
        String payload = message.getPayload();                    //得到消息内容
        for (WebSocketSession session : sessionList) {
            String textString = websocketsession.getAttributes().get("user")
                        + ":" + payload;
            TextMessage textMessage = new TextMessage(textString);
            try {
                session.sendMessage(textMessage);        //推送消息
            } catch (IOException e) { }
        }
    }
}
```

【说明】 服务器将监测每个用户的进入和退出，在连接和关闭处理的方法中将用户相关信息输出，用户连接建好时，会给用户发送一个消息，告知给用户分配的昵称。

【思考】 如果要支持私聊，可以建立一个用户标识到 WebSocketSession 的 Map 映射，这样可根据用户标识选择 WebSocketSession。

12.1.4　客户端的页面代码

在浏览器方，WebSocket 支持几个特殊的事件监听处理函数。onopen()表示当连接建立时触发事件；onerror()表示当网络发生错误时触发事件；onclose()表示当 WebSocket 被关闭时触发事件；onmessage()表示当 WebSocket 接收到服务器发来的消息时触发事件。

以下为聊天室的客户端页面代码，聊天室的显示效果如图 12-1 所示。本应用仅关注消息的发送和接收显示，因此，程序中只编写了 onMessage()事件处理方法，在方法内通过方法参数 event 的 data 属性获取消息内容。另外，还编写了 doSend()方法用来发送消息，方法中通过 WebSocket 对象的 readyState 属性来检测其连接状态，只有状态值为 1 时才表示连接开启，可以发送消息。通过 WebSocket 对象的 send()方法完成消息发送。

【程序清单——文件名为 chatRoom.html】

```
<html> <head> <meta charset="UTF-8">
<script type="text/javascript">
    var websocket = new WebSocket("ws: //localhost:8080/websocket");
    websocket.onmessage = onMessage;
```

```
    function onMessage(event) {
        var element = document.createElement("p");
        element.innerHTML = event.data;                            //读取消息内容
        document.getElementById("display").appendChild(element);
    }

    function doSend() {
        if (websocket.readyState == 1) {
            //0-CONNECTING;1-OPEN;2-CLOSING;3-CLOSED
            var msg = document.getElementById("message").value;  //获取输入内容
            if(msg) websocket.send(msg);                          //发送消息
            document.getElementById("message").value="";          //清空输入框
        } else {
            alert("连接失败!");
        }
    }
</script>
</head>
<body>
    <div>
        <input id="message"  type="text" style="width: 350px"></input>
        <button id="send" onclick="doSend()">send</button>
    </div>
    <div id="display"></div>
</body>
</html>
```

图 12-1　用 Spring 底层 WebSocket 编程实现的聊天室

12.2　Spring WebSocket 高级编程

12.2.1　基于 STOMP 的 WebSocket 配置

WebSocket 是一个低级的消息传送协议，其对消息的语义缺乏描述，不方便路由和处理消息，因此，WebSocket 是通过 HTTP 的子协议来实现消息传送的。STOMP 是常用于

WebSocket 消息传送的一种简单的面向文本的消息传送协议，其消息内容均为 JSON 文本串格式。Spring 消息代理支持 STOMP，通过开启 SockJS 的服务，并提供相应的 URL 映射，就可方便地实现基于发布/订阅的消息通信。

编写 WebSocket 配置类可实现 WebSocketMessageBrokerConfigurer 接口并标注@Configuration 和@EnableWebSocketMessageBroker 两个注解。通过重写 enableSimpleBroker()和 withSockJS()方法分别进行消息代理的配置以及注册 STOMP 的消息端点服务，并开启 SockJS 访问支持。

以下代码中，withSockJS()方法用于开启 SockJS 功能，SockJS 是 WebSocket 技术的一种模拟，在浏览器端拥有一套 JavaScript 代码的 API，SockJS 所处理的 URL 是 http://，而不是 ws://。enableSimpleBroker()方法表示采用基于内存的简单消息代理。

```
@Configuration
@EnableWebSocketMessageBroker
public class WebSocketConfig implements WebSocketMessageBrokerConfigurer {
    public void   registerStompEndpoints(StompEndpointRegistry registry) {
        registry.addEndpoint("/sockjs").withSockJS();                //连接端点
    }

    public void configureMessageBroker(MessageBrokerRegistry config) {
        config.setApplicationDestinationPrefixes("/app");            //注解消息映射的目标前缀
        config.enableSimpleBroker("/topic");                         //消息代理的目标前缀
    }
}
```

【说明】

- /topic 是简单消息代理的目标标识端点，服务器发送给客户端的消息和客户订阅服务器的消息的目标标识时均以/topic 为前缀。
- /app 是客户浏览器发送消息给消息代理时需要指定的代表消息代理目标的前缀。
- /sockjs 是 WebSocket 连接端点，客户与服务器建立 WebSocket 连接时通过/sockjs 指定 URL 连接路径。

12.2.2 处理来自客户端的 STOMP 消息

在 Spring MVC 控制器的类中允许两种 Mapping 并存：一种是@RequestMapping，接收来自浏览器的 HTTP 请求，其注解指定的参数为 REST 风格的访问路径信息，用于 MVC 控制器的请求处理设计；另一种是@MessageMapping，它是新增加的，用于接收来自浏览器通过 WebSocket 发送给某个主题的消息，其注解参数就是主题，通过注解所施加方法参数获取消息内容，这里的消息内容是消息变换后得到的 Java 对象。例如：

```
@Controller
public class GreetingController {
    @MessageMapping("/greeting")
```

```
    public String handle(String message) {
        return "received: " + message;
    }
}
```

本例的消息主题为 greeting，浏览器发送消息时，要增加 app 前缀，也就是发送消息时的目标地址是/app/greeting，消息内容将传送给 handle()方法的 message 参数。

1．消息转发

如果服务器要将接收的消息进行转发，有两种方法。

方法 1：通过给控制器注入消息模板（SimpMessagingTemplate）对象，依靠消息模板对象的 convertAndSend()方法实现消息的转发。例如，以下代码在消息处理方法中将消息内容转发到主题为 talking 的目标。

```
@Controller
public class GreetingController {
    @Autowired
    private SimpMessagingTemplate template;

    @RequestMapping(path="/greetings", method=POST)
    public void greet(String message) {
        template.convertAndSend("/topic/talking", message);
    }
}
```

使用消息模板不仅可在接收消息后进行处理转发，实际上，可以在应用的任何地方进行消息的发送。

方法 2：通过@SendTo 注解来实现消息的转发。将@SendTo 注解添加到带@MessageMapping 注解的方法头前，表示将方法的返回结果作为消息负载发送给指定主题的订阅者。例如，以下代码将方法执行的结果发送给主题为 talking 的目标。

```
@MessageMapping("/greetings")
@SendTo("/topic/talking")
public String greeting(String message) throws Exception {
    return new String("Hello, " + message + "!");
}
```

2．消息代理

前面的服务端配置代码中采用基于内存的消息代理，消息处理的流程如图 12-2 所示。针对每个客户连接，在服务器方将建立两个消息通道，一个是接收客户方消息的请求通道（request channel），一个是发送消息给客户的响应通道（response channel）。客户方可以发送两类消息：一类是交给注解方法处理的消息，根据前面介绍的服务器的配置设置，它以 app 为前缀，注解方法处理的消息在经过处理后，可以通过消息代理通道（broker channel）传输给消息代理进行基于主题的推送；另一类是由消息代理接收处理的消息，采用基于主题的发布/订阅形式，根据之前配置，主题标识以 topic 为前缀，消息代理会将消息推送给所有订阅相应主题的订阅者。

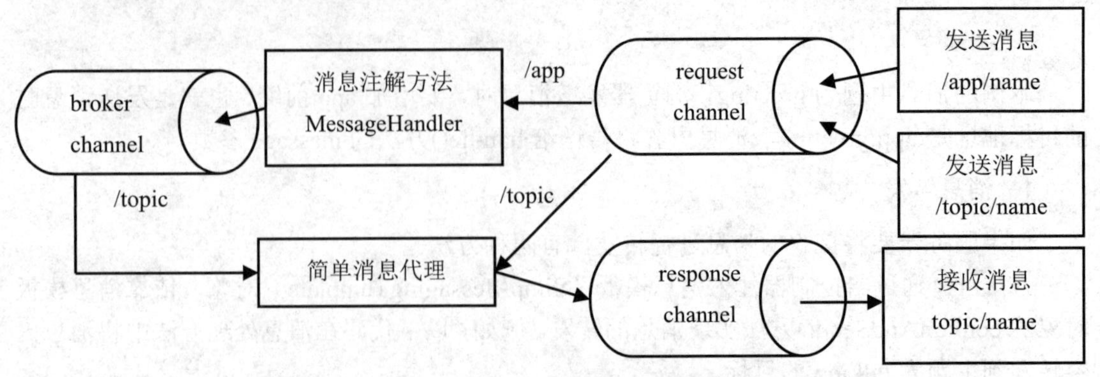

图 12-2　基于内存简单消息代理的消息处理流程

如果消息代理改为使用 ActiveMQ 等消息代理服务器，则前面设置代理的配置行改为：

```
config.enableStompBrokerRelay("/topic");
```

3．消息推送选择与消息主题的标识

消息通信中消息主题的设计和推送方式的选择是两个重要问题。我们知道，实现消息推送的方式有多样，可通过 SimpMessagingTemplate 直接推送，也可通过@SendTo 注解。

消息主题在某些情况下是动态变化的，以网上五子棋应用为例，某桌的对弈消息限于推送给同桌的客户，因此，消息主题的命名要考虑跟具体的桌名挂钩，由程序运行时动态决定，这时消息推送宜选用消息模板，其消息目标标识可以在代码中动态生成。例如：

```
template.convertAndSend("/topic/deskinfo" + deskid, message);
```

同样，客户方订阅主题时可通过模型参数来获取进入的棋桌。例如：

```
stompClient.subscribe('/topic/deskinfo[[${desk.deskid}]]', function(message){...})
```

12.2.3　客户浏览器端的编程

为了进行基于 SockJS 的 STOMP 消息通信，客户方要用到 sockjs-0.3.4.js 和 stomp.js 两个 JS 文件。SockJS 是在浏览器上运行的 JavaScript 库，用于实现浏览器和 Web 服务器之间的全双工通信。SockJS 提供了浏览器兼容性，优先使用原生 WebSocket，对于不支持 WebSocket 的浏览器，会自动降为长轮询的方式。

```
<script src="sockjs-0.3.4.js"></script>
<script src="stomp.js"></script>
```

1．建立连接

执行以下 JavaScript 脚本可建立与服务器的 WebSocket 连接。

```
var socket = new   SockJS("/sockjs");
var stompClient = Stomp.over(socket);
stompClient.connect({},   function(frame) {   } ) ;
```

如果连接没有使用 SockJS，则通过如下形式。

```
var socket = new WebSocket("/sockjs");
var stompClient = Stomp.over(socket);
stompClient.connect({ },     function(frame) { }    ) ;
```

2．客户方的消息处理

客户方与服务方建立 WebScoket 连接后，可进行发布/订阅的消息通信。具体过程如下。

（1）消息接收者首先针对主题进行订阅。

（2）消息发布者给某主题发布消息。

（3）服务方消息代理将消息推送给订阅该主题的所有订阅者。

以下为客户方订阅和发送消息的具体方法。

（1）客户方订阅并处理消息。

WebScoket 传递的消息如果是 Java 对象，均要包装为 JSON 字符串。下面程序中，客户方订阅主题 desks 的消息，当消息代理收到关于该主题的消息时将推送给客户方，客户方接收消息后将回调 function(message)函数进行消息处理，函数的参数 message 为消息对象。通过 message.body 得到消息的具体信息，进一步，通过 JSON.parse()方法分析出消息中包裹的具体对象给 obj 赋值，通过 obj 可访问对象中的具体内容。

```
stompClient.connect({ }, function(frame) {
    stompClient.subscribe('/topic/desks', function(message){
        var   obj = JSON.parse(message.body);                    //分析收到的消息
        pos = obj.deskid;
        document.getElementById("desk"+pos).value= obj.user;     //根据消息内容更新页面
    });
});
```

上述代码中用到了 stompClient 对象的如下两个方法。

- connect(headers, connectCallback)：按请求头的设置进行连接，连接成功后执行第 2 个参数指定的回调函数。案例中请求头是内容为空的 Map。
- subscribe(destination, callback)：订阅某目标主题的消息，通过回调函数处理消息。

（2）客户方发送消息。

客户方可利用 stomp 对象的 send()方法发送对象消息，发送的消息内容要先转换为 JSON 串，利用 JavaScript 的 JSON.stringify()方法完成转换。以下代码将转换后的消息发送到名为 sitdown 的主题目标。

```
var payload = JSON.stringify(myobj);                          //消息变换为 JSON 串
stompClient.send("/app/sitdown",{ }, payload );               //发送消息
```

其中，send()方法的第 2 个参数是一个提供头信息的 Map，它会包含在 STOMP 的帧

中，这里实际为一个空 Map。这里要注意 JSON.parse()与 JSON.stringify()的区别，前者是从 JSON 串中解析出对象，而后者则是将对象转换为 JSON 串。

12.3 基于 WebSocket 的聊天室案例设计

聊天室案例设计演示了 WebSocket 实时交互应用设计中的众多技巧。该应用设计的一个难点是显示在线用户，如何捕捉与传递用户进入和退出的消息是设计关键。具体处理步骤如下。

（1）在控制器中引入一个数组列表 users 记录在线用户，用户进入和退出要修改列表的内容。

（2）客户端通过页面的装载事件 onload 触发执行 WebSocket 连接，连接成功后订阅用户进入和退出所对应主题的消息。

（3）在处理页面装载的事件处理中还要将有新用户进入的消息发送给服务器。

（4）服务端控制器通过 MessageMapping 处理新用户进入的消息，转发给关注订阅新用户进入这个主题的所有订阅者。

（5）客户端收到订阅的消息后利用 DHTML 技术更新用户列表的显示。

用户退出聊天室时利用浏览器端页面关闭前所触发的 JavaScript 事件的 unbeforeload 来完成退出消息的发送，在该事件处理中还要关闭 WebSocket 连接。

12.3.1 视图文件及客户端编程处理

1．用户登录页面

用户登录页面仅要求用户输入用户名，并不进行实际认证检查，在服务端处理登录时将用户名通过模型参数传递给聊天页面，以便在显示发言内容时添加用户名。

【程序见本章电子文档，文件名为 login.html】

2．聊天页面

聊天页面执行效果如图 12-3 所示。本应用传送的消息内容均为字符串，不用进行 JSON 转换，可以直接发送。

【程序见本章电子文档，文件名为 talkroom.html】

【说明】程序中，函数 connect()用来建立 WebSocket 连接，以及进行消息的订阅处理，在网页加载时通过页面的 onload 事件自动执行该函数。函数 disconnect()用于关闭连接，当用户离开页面时通过页面的 unbeforeload 事件自动执行该函数。函数 check()用来读取用户输入发言，并将发言发送给服务器的消息处理程序。

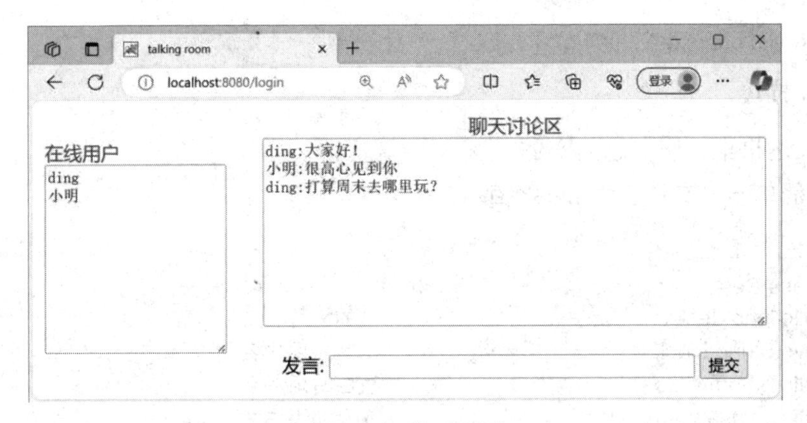

图 12-3　聊天页面

12.3.2　服务端的配置与控制器代码

1．WebSocket 配置

在 WebSocket 配置中定义了消息主题前缀（/topic）、消息映射的目标前缀（/app），以及支持 SockJS 连接的 WebSocket 的连接端点（/sockjs）。

【程序见本章电子文档，文件名为 WebSocketConfig.java】

2．控制器设计

在控制器类中定义一个列表存放聊天消息。控制器中含两类注解方法。一类是对应 Web 访问请求的@RequestMapping 注解方法。程序中有两个这类方法，第 1 个是针对根路径（/）的访问，它将导向登录页面，第 2 个则是针对登录处理（/login）的访问，它将导向聊天页面。另一类是对应消息传送的@MessageMapping 注解方法。它用来处理来自浏览器发送的消息，将所有收到的聊天信息拼接好，通过@SendTo 注解推送给订阅相应主题的客户。

【程序见本章电子文档，文件名为 TalkController.java】

12.4　基于 WebSocket 的五子棋网站设计

此案例可以让读者了解基于 WebSocket 的游戏网站的设计思路，特别是基于 STOMP 的发布/订阅编程中如何处理主题的动态变化情形。该案例采用 Thymeleaf 视图解析，读者可以从中体会视图访问模型变量的一些处理技巧。应用还涉及页面上的各类事件处理，通过 JavaScript 编写事件响应处理代码，利用浏览器对象模型访问页面元素，通过 DHTML 技术动态改变页面的内容。

1．属性配置文件

在 application.properties 文件中加入如下行，这样访问应用时以/wq 为前缀。

```
server.servlet.context-path=/wq
```

2．实体描述

（1）表达棋桌就座信息的实体。

【程序清单——文件名为 Desk.java】

```
@Data
public class Desk {
    public long deskid;                              //桌的编号
    public String black = "        ";                //执黑方用户名
    public String white = "         ";               //执白方用户名
    public int usercount = 0;                        //入桌的用户数
}
```

（2）表达用户进入某棋桌的信息的类。

引入该类的目的在于演示通过 WebSocket 传送 Java 对象消息。用户在选桌后要发送 UserEnterDesk 类型的对象消息，WebSocket 传递对象消息时要转化为 JSON 串，因此，该类设计要实现 Serializable 接口。

【程序清单——文件名为 UserEnterDesk.Java】

```
@Data
public class UserEnterDesk implements Serializable {
    public String user;                              //用户名
    public long deskid;
    public String pos;                               //用户是黑方还是白方
    public int usercount = 0;
}
```

3．WebSocket 服务的配置代码

【程序见本章电子文档，文件名为 ChessWebSocketConfig.Java】

4．控制器设计

控制器引入一个 Desk 类型的数组来存放 4 桌对弈情况的信息。通过属性依赖注入 SimpMessagingTemplate 类型的对象，用来给 WebSocket 主题发送消息，使用该对象发送消息可以适应消息目标的动态性要求。

在控制器中含两种 Mapping 映射：一种是 RequestMapping，这种访问请求用来表达 HTTP 请求的处理；另一种是 MessageMapping，用来表达消息处理的映射。

【程序见本章电子文档，文件名为 ChessController.Java】

5．视图代码

整个应用的界面由 3 个页面构成，第 1 个是登录页面，仅用于输入用户名。第 2 个是选桌页面，如图 12-4 所示。第 3 个是下棋页面，如图 12-5 所示。

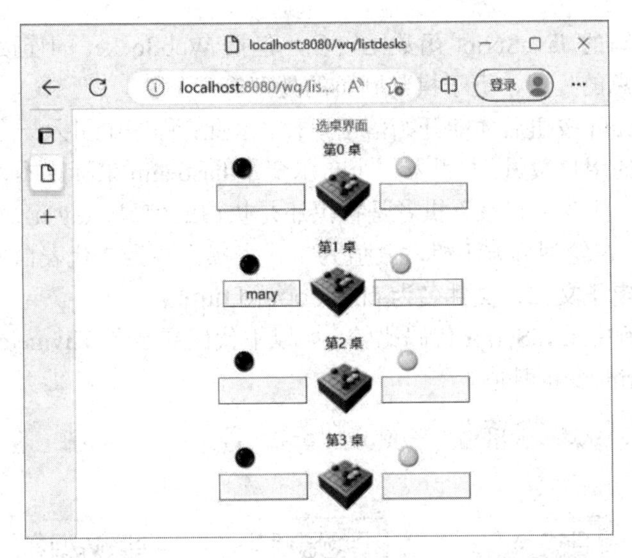

图 12-4　选桌页面

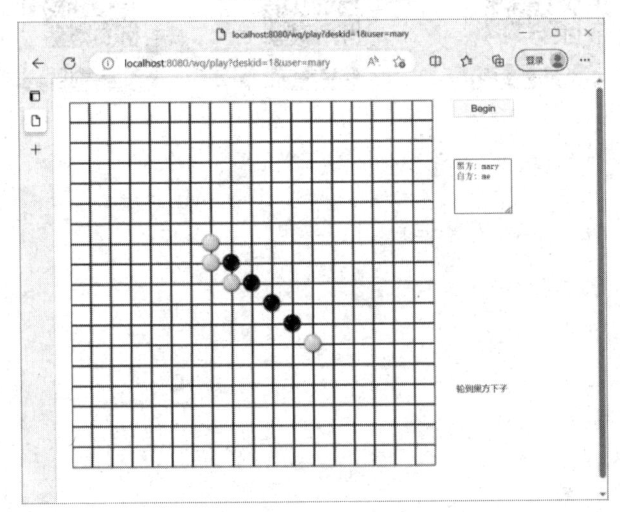

图 12-5　下棋页面

（1）登录页面。

【程序见本章电子文档，文件名为 chess_login.html】

（2）选桌页面。

在选桌页面，浏览器和 Web 服务器间通过 WebSocket 传递的消息对象用 JSON 进行了串行化处理，在浏览器端用 JSON.parse()方法对消息体进行分析。

由选桌页面转到下棋页面是通过设置 window.location 的 URL 地址来实现的。当消息处理发现进入本桌的用户数达到 2 时，则自动转到下棋页面。

【程序见本章电子文档，文件名为 listdesks.html】

（3）下棋页面。

在下棋页面，浏览器和 Web 服务器之间传递的下子信息拼接为字符串的方式，消息内容的各数据之间通过英文逗号进行分隔。

下棋页面中编写的 JavaScript 函数比较多，包括 WebSocket 的连接处理、绘制棋盘、绘制棋子、下棋消息的处理、五子棋判胜负的处理等。

双方均单击 Begin 按钮后才能开始落子下棋，因此，程序中引入一个变量 begin 来统计已单击 Begin 按钮的用户数量，并引入一个布尔变量 hasbegin 来标记本方是否已单击 Begin 按钮。程序中通过一些变量记录下棋者是执黑还是执白的信息，my 记录用户自己属于哪一方，whoturn 记录现在轮到哪方下棋，其值为 1 代表黑方，为 2 代表白方。

【程序见本章电子文档，文件名为 chessboard.html】

【技巧】本案例中 JavaScript 代码比较多，以下代码展示了 Thymeleaf 中如何用模型变量的数据给 JavaScript 变量赋值。

```
var deskid="[[${desk.deskid}]]";
```

第 12 章课件

第 12 章习题

第 12 章代码

第 13 章　Spring Security 应用安全编程

一般来说，Web 应用的安全性包括用户认证（authentication）和用户授权（authorization）两个部分。用户认证指的是验证某个用户是否为系统中的合法主体，也就是说用户能否访问该系统。用户授权指的是验证某个用户是否有权限执行某个操作。Spring Security 为企业应用提供声明式的安全访问控制解决方案。本章重点围绕 HTTP 安全认证和基于 URL 的授权保护进行介绍。

13.1　Spring Security 简介

13.1.1　Spring Security 整体控制框架

Spring Security 提供了强大而灵活的企业级安全服务，如认证授权机制、Web 资源访问控制、业务方法调用访问控制、领域对象访问控制（ACL）、单点登录、信道安全管理等功能。Spring Security 支持各种身份验证模式，包括 HTTP Basic、LDAP、基于 Form 的认证、JAAS、Kerberos 等。

Spring 的安全应用是基于 AOP 实现的，在 Spring 中调试安全应用需要添加众多的 jar 包。Spring Boot 只需要添加 Security 起步依赖。如果使用 Maven 进行工程构建，在项目的 pom.xml 文件中添加如下依赖项。

```
<dependency>
    <groupId>org.springframework.boot</groupId>
    <artifactId>spring-boot-starter-security</artifactId>
</dependency>
```

Spring Security 框架的主要组成部分包括安全代理、认证管理、访问决策管理、运行身份管理和调用后管理等，Spring Security 对访问对象的整体控制框架如图 13-1 所示。

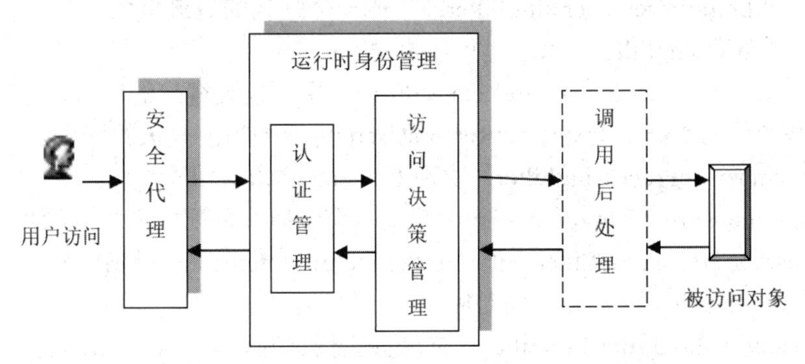

图 13-1　Spring Security 对访问对象的安全控制过程

- ❑ 安全代理：拦截用户的请求，并协同调用其他安全管理器实现安全控制。
- ❑ 认证管理：确认用户的主体和凭证。
- ❑ 访问决策管理：考虑合法的主体和凭证的权限是否与受保护资源定义的权限一致。
- ❑ 运行时身份管理：确认当前的主体和凭证的权限在访问保护资源的权限变化适应。
- ❑ 调用后管理：确认主体和凭证的权限是否被允许查看保护资源返回的数据。

Spring Security 的 web 架构是完全基于标准的 servlet 过滤器的。servlet 请求按照一定的顺序穿过整个过滤器链，最终到达目标 servlet。当 servlet 处理完请求并返回一个响应时，过滤器链按照相反的顺序再次穿过所有的过滤器，如图 13-2 所示。

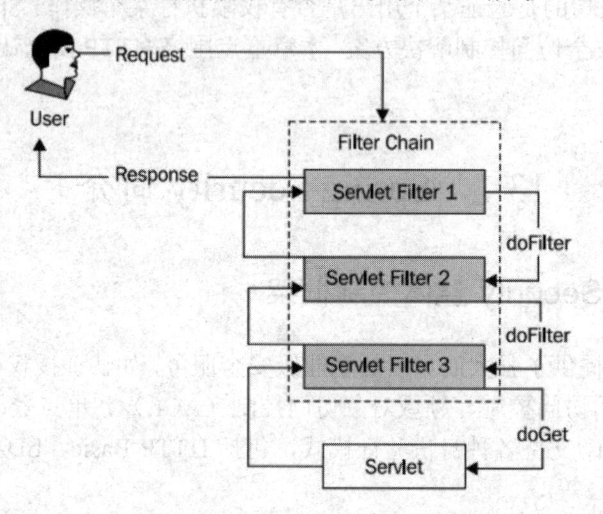

图 13-2 Servlet 过滤器链的执行流程

Spring Security 使用多个过滤器形成的链条来工作。对于特定的请求，Spring Security 的过滤器会检查该请求是否通过认证，以及当前用户是否有足够的权限来访问此资源。对于非法的请求，过滤器会跳转到指定页面让用户进行认证，或是返回出错信息。以下按照安全检查中过滤器的执行次序来介绍 Spring Security 的过滤器。

- ❑ HttpSessionContextIntegrationFilter：将安全上下文记录到 Session 中。
- ❑ LogoutFilter：处理用户注销请求。
- ❑ AuthenticationProcessingFilter：处理来自 form 的登录。
- ❑ DefaultLoginPageGeneratingFilter：生成一个默认的登录页面。
- ❑ BasicProcessingFilter：用于进行 basic 验证。
- ❑ SecurityContextHolderAwareRequestFilter：用来包装客户的请求，为后续程序提供一些额外的数据。例如，getRemoteUser()可获得当前登录的用户名。
- ❑ RememberMeProcessingFilter：实现 RememberMe 功能。
- ❑ AnonymousProcessingFilter：当用户没有登录时，分配匿名账户的角色。
- ❑ ExceptionTranslationFilter：处理 FilterSecurityInterceptor 抛出的异常，然后将请求重定向到对应页面，或返回对应的响应错误代码。
- ❑ SessionFixationProtectionFilter：防御会话伪造攻击。解决办法是每次用户登录重新生成一个 Session。在 http 元素中添加 session-fixation-protection="none"属性。

- FilterSecurityInterceptor：实现用户的权限控制。

13.1.2　用户密码的加密处理

出于密码安全的考虑，需要对存储的密码进行加密处理。Spring 安全架构为密码的加密与验证处理提供了统一的抽象框架和各类具体实现。

Spring Security 为加密和密码验证定义了 PasswordEncoder 接口。

```
public interface PasswordEncoder{
    String encode(String rawPassword);
    boolean matches(String rawPassword,String encodedPassword);
}
```

其中，encode()方法对密码加密，match()方法验证密码是否与加密后的密码一致。

Spring Security 为该接口提供了一系列的实现类，如 BCryptPasswordEncoder、NoOpPasswordEncoder、StandardPasswordEncoder 等。

以下代码演示加密（encode）以及密码验证（matches）方法的使用。

```
public static void main(String[ ] args){
    PasswordEncoder   pn = new   BCryptPasswordEncoder();
    String encode = pn.encode("password");
    System.out.println("加密后的密码:" + encode);
    System.out.println ("bcrypt 密码对比:" + pn.matches("password", encode));
}
```

13.2　最简单的 HTTP 安全认证

在 Web 应用安全设计中，主要涉及两个方面的安全控制。一是身份验证（authentication），访问系统首先要进行登录，登录后确定用户具备的角色。二是授权（authorization），可以限制某些资源只有特定角色的用户才可以访问。对资源的访问控制（permission）包括基于 URI 的访问控制、方法级访问控制以及基于 ACL 的安全保护等。

13.2.1　Spring Security 的默认登录界面

最简单的安全控制是基于 URL 的安全防护，为演示针对 URL 的访问控制，以下定义一个简易的控制器，其中定义了两个 URL。在访问授权设置中可限制访问某 URL 所需用户角色。

【程序清单——文件名为 HelloController.Java】

```
@RestController
public class HelloController {
    @GetMapping("/admin/hello")
```

```
    public String admin() {
        return "hello admin";
    }

    @GetMapping("/user/hello")
    public String user() {
        return "hello user";
    }
}
```

1．确定用户认证方式

Spring Security 在配置上发展变化比较大，早期版本是通过 XML 进行安全配置的。3.2 版本可通过 Java 代码进行安全配置。5.0 版本通过重载 WebSecurityConfigurerAdapter 中的 3 个 configure()方法进行配置。6.0 版本使用返回类型为 SecurityFilterChain 的方法参数注入 HttpSecurity 对象来进行配置。

以下配置中首先声明采用 httpBasic 方式的认证，httpBasic 为基本访问控制方式，一般用来处理无状态的客户端，每次请求都附带证书。然后，借助 HttpSecurity 安全对象的 authorizeHttpRequests()方法参数来设置对 HTTP 请求的授权访问处理策略。在具体策略设置中，anyRequest().authenticated()要求所有进入 HTTP 访问的请求均要进行用户认证。配置中还规定所有 URL 访问都是允许的。

【程序清单——文件名为 TestSecurityConfig.Java】

```
@Bean
public SecurityFilterChain filterChain(HttpSecurity http) throws Exception {
    http.httpBasic(Customizer.withDefaults());
    http.csrf(csrf->csrf.disable());                    //禁用 CSRF
    http.authorizeHttpRequests( auth->{
      try {
        auth.requestMatchers("/**").permitAll():        //允许对匹配 URL 模式的访问
        auth.anyRequest().authenticated()               //任何请求均要认证后才能访问
      } catch (Exception e) {
            e.printStackTrace();
        }
    });
    return http.build();
}
```

其中，requestMatchers()中的参数用来表达访问的路径。requestMatchers()使用 ant 风格的路径匹配模式，支持 3 种通配符：“?”匹配任何单字符；“*”匹配 0 或者任意数量的字符，不包含"/"；“**”匹配 0 或者更多的字符，包含"/"。Spring 登录默认启用 CSRF（跨站请求伪造）的安全保护。若要禁用 CSRF 功能，可以在配置中调用 http.csrf(csrf->csrf.disable())。

应用启动后，用户访问服务器时会弹出默认登录浮窗进行认证，如图 13-3 所示。

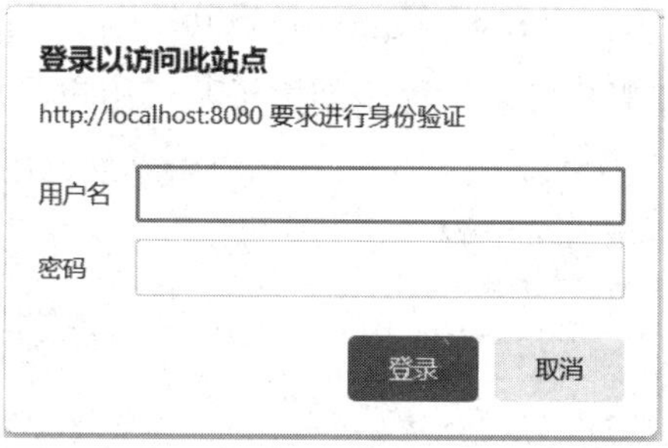

登录以访问此站点

http://localhost:8080 要求进行身份验证

用户名

密码

登录　取消

图 13-3　默认的安全登录浮窗

2．定义用户及角色

在安全认证过程中，用户相关信息是通过 UserDetailsService 接口来加载的。该接口定义如下。

```
public interface UserDetailsService {
    UserDetails loadUserByUsername(String username) throws UsernameNotFoundException;
}
```

其中，loadUserByUsername()方法实现按照用户名（username）从某个存储介质中加载用户信息（UserDetails）。UserDetails 用于表达用户信息，包括用户名、密码、权限等相关信息。在某些情况下，还可通过实现 UserDetailsService 接口来设计自定义认证逻辑。

针对用户信息的存储，Spring Security 设计了 UserDetailsManager 接口，接口中方法的功能从方法名就可以直观地理解。

```
public interface UserDetailsManager extends UserDetailsService {
    void createUser(UserDetails user);
    void updateUser(UserDetails user);
    void deleteUser(String username);
    void changePassword(String oldPassword, String newPassword);
    boolean userExists(String username);
}
```

UserDetails 接口是用于表达用户信息的接口，接口中方法的功能也容易理解。

```
public interface UserDetails extends Serializable {
    Collection<? extends GrantedAuthority> getAuthorities();   //获得授权角色
    String getPassword();
    String getUsername();
    boolean isAccountNonExpired();
    boolean isAccountNonLocked();
    boolean isCredentialsNonExpired();
    boolean isEnabled();
}
```

Spring Security 预置了两种常见的用户管理实现方案：一种是基于内存的方案（InMemoryUserDetailsManager）；另一种是基于数据库的方案（JdbcUserDetailsManager）。

最简单的管理用户办法是启用基于内存的用户配置，通过 InMemoryUserDetailsManager 对象的 createUser()方法添加账户。以下程序创建了两个用户，并给用户分配了角色。

```
@Bean
PasswordEncoder passwordEncoder() {
    return new BCryptPasswordEncoder();
}

@Bean
public UserDetailsService userdetail() {
    InMemoryUserDetailsManager manager = new InMemoryUserDetailsManager();
    manager.createUser(User.builder().username("user")
    password( new BCryptPasswordEncoder().encode("123")).roles("USER").build());
    manager.createUser(User.builder().username("admin")
    password(new BCryptPasswordEncoder().encode("abc")).roles("USER","ADMIN").build());
    return manager;
}
```

【技巧】roles()方法是 authorities()方法的简写形式，它会在给定的参数前自动添加 ROLE_前缀，也就是 roles("USER")等价于 authorities("ROLE_USER")。

【注意】在 Spring Security 5.0+后的版本，要求指定密码加密方式。官方推荐采用 bcrypt 的加密方式。所以，配置的用户密码是加密的。

3. 资源访问安全保护

最典型的资源访问保护是基于 URL 的安全保护，限制对某 URL 的访问所需角色。以下访问规则限制了访问以/hotel 开头的 URL 资源需要 ROLE_USER 的角色，访问以/admin 开头的 URL 资源需要 ROLE_ADMIN 的角色。

```
auth.requestMatchers("/hotel/*").hasRole("USER");
auth.requestMatchers("/admin/*").hasRole("ADMIN");
```

在定义访问授权时，需要按照 URL 模式从精确到模糊的顺序来进行声明。Spring Security 按照声明的顺序逐个进行比对，只要用户当前访问的 URL 符合某个 URL 模式，就按该模式要求的角色检查用户访问是否允许。

访问授权的设置还可用表达式的写法。表达式中符号的具体含义如表 13-1 所示。

表 13-1 常用内建访问授权表达式

表 达 式	描 述
hasRole(role)	如果角色拥有指定的权限（role），则返回 true
hasAnyRole(String ...)	如果角色拥有列表中任意一个权限，则返回 true
hasAuthority(String ...)	如果用户具备给定角色就允许访问
principal()	允许直接访问角色对象代表当前用户
authenticated()	允许认证过的对象访问
permitAll()	总是返回 true
denyAll()	总是返回 false

续表

表 达 式	描 述
anonymous()	允许匿名（anonymous）用户访问
isRememberMe()	如果角色是一个 remember-me 用户则返回 true
isFullyAuthenticated()	如果角色既不是 anonymous 用户，也不是 remember-me 用户，则返回 true

如果访问某个 URL 需要多个角色中的某个角色，可以用如下表达形式。

```
auth.requestMatchers("/db/**").hasAnyRole("ADMIN","USER");
```

特别地，由于自制的登录页面往往含有图片和样式文件，因此设置访问规则时要注意对图片目录路径和样式的访问应是不受限制的。

4．获取用户登录名

用户认证后，在 MVC 控制器的代码中，获取用户登录名的简单方法有两种。

（1）通过 MVC 方法参数注入的 Principal 对象的 getName()方法。

（2）通过 MVC 方法参数注入的 HttpServletRequest 对象的 getRemoteUser()方法。

13.2.2　使用自制的登录页面

大多数应用需要设计自己的个性化登录页面，在 HTTP 配置中通过 formLogin()的 loginPage()方法设置使用自制的登录页面。

```
http.formLogin()
.loginPage("/login.html")                    //采用自制的登录页面
.loginProcessingUrl("/login")
.and().authorizeHttpRequests().requestMatchers("/login.html","/login").permitAll();
```

【注意】自定义登录页面在访问授权设置上应该是允许所有用户访问。loginPage()和 loginProcessingUrl()的设置必须同时成对出现。and()用于进行配置的连接。

通过以下两个方法可设置登录失败和登录成功的处理 URL。

```
.failureForwardUrl("/failure")               //登录失败后，请求转发的位置
.successForwardUrl("/toMain")                //用户登录成功后，请求转发到的位置
```

上面的转发请求采用 POST 方式，也可以用以下重定向的 GET 请求方式。

```
.defaultSuccessUrl("/toMain",true)           //用户登录成功后，响应重定向到的位置
.failureUrl("/failure")                      //登录失败后，响应重定向的位置
```

1．自制的登录页面设计

自制的登录页面仍然利用 Spring 的默认安全认证功能，因此，页面表单和输入域的名称要符合 Spring 的规定。用户和密码输入域的默认标识分别为 username 和 password。输入域的名称也可以通过设置来指定。表单的 action 为/login。

【程序清单——文件名为 login.html】

```
<form   action="/login" method="post">
    <p><label for="username">Username</label>
        <input type="text" id="username" name="username"/>
    </p><p>
        <label for="password">Password</label>
        <input type="password" id="password" name="password"/>
    </p>
    <button type="submit" >登录</button>
</form>
```

2．Remember-me 功能

Remember-me 功能用来在一段时期内记住登录用户，避免用户重复登录。该功能是通过一个存储在 Cookie 中的令牌（Token）来完成的，默认两周内可记住用户。在 Spring Security 6.0 中，TokenBasedRememberMeServices 使用 SHA-256 来编码和匹配令牌，具体设置如下。

```
http.formLogin()
.and()
.rememberMe()
  .tokenValiditySeconds(2419200)
  .key(UUID.randomUUID().toString());   //自定义 Key 值
```

上面设置 Token 为 4 周（2419200 秒）内有效。

自定义登录页面中要使用 Remember-me 功能，需在登录表单中提供一个复选框来选择是否记住用户。

```
<input   type="checkbox"   id="remember_me"   name="remember_me" />
```

根据需要也可以安排用户退出系统的设置。以下为具体样例，用户退出系统时默认清空 Spring Security 记录的用户 Session 和用户登录标志。

```
http.logout()
.logoutSuccessUrl("/")                        //设置成功退出后，转向“/”路径
.logoutUrl("/logout");                        //设置通过“/logout”请求链接可退出系统
```

13.3　使用数据库进行认证

实际应用中，一般将用户信息保存在数据库中。借助 JdbcUserDetailsManager 类可从数据库中加载用户信息，在具体配置类中添加如下代码。

```
@Autowired
DataSource datasource;                        //通过依赖注入获取数据源


@Bean
```

```
public UserDetailsService userdetail() {
    JdbcUserDetailsManager manager = new JdbcUserDetailsManager(datasource);
    return manager;
}
```

数据库中含有两个表格，users 表至少含有 username、password、enabled 字段；authorities 表至少含有 username、authority 字段。其中，enabled 表示用户是否有效，值为 1 代表有效，为 0 代表禁用。两个表通过 username 建立关联。一个用户有多个角色时，在 authority 表中要占多条记录。在 MySQL 中，可以通过如下 SQL 语句建立表格。

```
create table users(username varchar(20) not null primary key,
    password varchar(60) not null,enabled boolean not null);
create table authorities (username varchar(20) not null,authority varchar(30) not null,
    constraint fk_authorities_users foreign key(username) references users(username));
```

【注意】授权表中填入的授权角色应以 ROLE_ 作为前缀，如 ROLE_USER 等。

13.4　基于注解的方法级访问保护

前面介绍的对资源访问的保护是在URL这个粒度上的安全保护。这种粒度的保护在很多情况下是不够的，有时还涉及对服务层方法的细粒度保护。

Spring Security 允许以声明的方式来定义调用方法所需的权限，最简单的方法保护是采用注解符形式。Spring Security 支持 3 种方法级注解，分别是 Secured 注解、prePostEnabled 注解、JSR-205 注解。这些注解不仅可用于控制器层的方法上，也可用于 Service 层或 DAO 层的方法上。在 Spring Boot 3 的配置中，通过@EnableMethodSecurity 注解开启方法级的管控，通过注解参数开启对某类方法级注解的支持，其中，prePostEnabled 默认为 true，而 securedEnabled 和 jsr250Enabled 均默认为 false。以下为设置样例。

```
@EnableMethodSecurity(securedEnabled=true)
```

1. @Secured 和@PreAuthorize 注解

@Secured 注解声明只有满足角色的用户才能访问被注解的方法。例如，以下代码表示限制只有具备角色 ROLE_USER 的用户才能执行 getRes()方法。其中，@Secured 注解行也可用@PreAuthorize("hasRole('ROLE_USER')")代替。

```
@Secured("ROLE_USER")
public MyResource getRes(int id)  { ……  }
```

以下代码表示参数 username 与认证主体的用户名相同时，才能调用 getMyRoles()方法。

```
@PreAuthorize("#username == principal.username")
public String getMyRoles(String username) { ……    }
```

2．@PreFilter 和@PostFilter 过滤器

Spring Security 支持一组过滤器，用来实现对集合和数组等对象的过滤。@PreFilter 用来对方法调用时的参数进行过滤。@PostFilter 用来对方法的返回结果进行过滤。

以下代码中，filterObject 表示来自参数集合中的对象。方法将过滤得到参数列表中除当前认证用户以外的所有用户名。

```
@PreFilter("filterObject != authentication.principal.username")
public String joinUsernames(List<String> usernames) {
    return usernames.stream().collect(Collectors.joining(";"));
}
```

3．JSR-205 注解

JSR-205 注解的几个注解比较容易理解：@DenyAll 表示拒绝所有访问；@PermitAll 表示允许所有访问；@RolesAllowed({"USER","ADMIN"})表示只允许有 ROLE_USER 或 ROLE_ADMIN 角色的用户访问。

13.5　在 Thymeleaf 中使用 Spring 安全标签

有些情况下，用户可能有权限访问某个页面，但却不能使用该页面上的某些功能。例如，答疑系统中，可以限制只有教师才能访问解答疑问的超链接。Spring Security 提供了一个标签库，可以在视图显示（如 JSP 或 Thymeleaf 等）的代码中，根据用户权限来控制页面某部分内容的显示和隐藏。本节针对 Thymeleaf 中使用 Spring Security 的方法进行介绍。

Thymeleaf 对 Spring Security 的支持需要用到 thymeleaf-extras-springsecurity，在项目中添加以下依赖关系。

```
<dependency>
    <groupId>org.thymeleaf.extras</groupId>
    <artifactId>thymeleaf-extras-springsecurity6</artifactId>
</dependency>
```

HTML 文件中通过 HTML 标记的属性定义 Thymeleaf 和 Spring 安全标签的命名空间信息。

```
<html xmlns:th="http://www.thymeleaf.org"
    xmlns:sec="http://www.thymeleaf.org/extras/spring-security">
```

安全标签使用最多的是 authorize 标签和 authentication 标签。

authorize 标签用来控制某个内容是否应该被显示出来。例如：

```
<div sec:authorize="hasRole('ROLE_ADMIN')">
    这里的内容只有符合 ROLE_ADMIN 角色的可以看到
</div>
```

以下代码仅允许访问“/admin”这个 URL 的用户看到限定的内容。

```
<div sec:authorize-url="/admin">
	这里的内容只有允许访问"/admin" 这个 URL 的用户才可以看到
</div>
```

authentication 标签用来获取当前认证对象中的内容。以下代码列出用户的用户名、角色。

```
<p>Username: <th:block sec:authentication="principal.username"></th:block></p>
<p>Role: <th:block sec:authentication="principal.authorities"></th:block></p>
```

第 13 章课件

第 13 章习题

第 13 章代码

第 14 章　基于 MVC 的资源共享网站设计

本章介绍的文件资源共享应用允许账户上传和下载资源，实现资源的共享，这里限制每个资源只含有一个文件。由于所有资源文件存储在同一目录下，因此，不能用原始文件名作为存储的文件名，否则可能导致文件重名现象。每个用户有自己的积分，资源下载时可由上传者提供积分扣除要求，只有个人积分高于资源积分要求的用户才能下载，并且资源下载后将给资源提供者增加积分。用户上传资源可增加自己的积分。系统采用 MyBatis 实现数据库访问处理，利用 Spring Security 实现系统的访问控制。

14.1　实体类与业务服务设计

14.1.1　实体类设计

系统的实体类包括 3 个，分别是用户（Users）实体、栏目（Column）实体和资源描述（Resdes）实体。

用户实体记录用户的个人信息和在系统中的积分。

【程序清单——文件名为 Users.java】

```
@Data
public class Users{
    String username;        //登录名
    String password ;       //登录密码
    String name;            //姓名
    int score;              //积分
    int enabled;            //用户有效否
}
```

栏目实体用于对资源进行分类，以方便用户按类别查看资源。栏目的属性包括栏目编号和栏目标题。对应栏目的数据库表格是 columntable，在后面介绍的 Mapper 中可以看到。

【程序清单——文件名为 Column.java】

```
@Data
public class Column {
      int number;           //栏目编号
      String title;         //栏目标题
}
```

资源描述类的属性包括资源 ID、资源标题、资源描述、文件类型、所属用户、资源分值、下载次数、资源类别等字段。其中，资源 ID 对应数据库的自动增值字段；文件类型由上传时文件的类型决定；资源上传时要选择对应栏目。资源描述类的代码设计如下。

【程序清单——文件名为Resdes.java】

```
@Data
public class Resdes{
    int resourceID;              //资源 ID
    String titleName;            //资源标题
    String description;          //资源描述
    String filetype;             //文件类型
    String userId;               //所属用户
    int score;                   //资源分值
    int download_times;          //下载次数
    int classfyID;               //资源类别
}
```

该应用的 SQL 建表命令如下。

```
CREATE TABLE   resdes (
  resourceId   int(6) NOT NULL AUTO_INCREMENT,
  titleName longtext ,
  description   longtext ,
  filetype   char(10)   DEFAULT NULL,
  userid   char(20)    DEFAULT NULL,
  score   int(10)   DEFAULT NULL,
  download_times   int(10) DEFAULT NULL,
  classfyID` int(10) DEFAULT NULL,
  PRIMARY KEY (resourceId)
)  DEFAULT CHARSET=utf8;

CREATE TABLE users (
  username   varchar(30) NOT NULL,
  password   varchar(80) NOT NULL,
  enabled   boolean NOT NULL,
  name   varchar(20) NOT NULL,
  score   int(11) DEFAULT NULL,
  PRIMARY KEY (username)
)  DEFAULT CHARSET=utf8;

CREATE TABLE   columnTable (
  number int(5) NOT NULL   AUTO_INCREMENT,
  itle varchar(255)   NOT NULL,
  PRIMARY KEY (number)
)  DEFAULT CHARSET=utf8;

CREATE TABLE   authorities (
  username varchar(30) NOT NULL,
  authority varchar(30) NOT NULL,
  constraint fk_authorities_users foreign key(username) references users(username)
) DEFAULT CHARSET=utf8;
```

14.1.2　资源访问的业务逻辑服务设计

对资源的访问操作可封装在相应的业务逻辑服务中，具体提供如下功能。

- 上传资源：上传资源时，除了提供资源文件，还需要提供上传者、所属栏目、分值、资源标题、资源描述等信息。要限制上传文件类型。
- 下载资源：需要检查用户积分是否够用，如果可以下载，要修改资源下载次数和根据资源的分值扣除用户积分。
- 获取某栏目的资源列表。
- 根据资源 ID 查资源。

以下首先通过接口 ResService 定义资源服务的行为，然后由 ResServiceImpl 类给出服务的具体实现。

1．业务逻辑接口

【程序清单——文件名为 ResService.java】

```
public interface ResService {
    String upload(String titleName, String description, String filetype,
        String userId, int score,int classfyID);           //登记上传的资源
    String download(int resourceID,String userid);     //下载资源需登记的信息
    List<Resdes>   list(int classfyID);                        //列出某栏目的所有资源
    Resdes getRes(int resourceID);                           //根据 resourceID 获取资源
}
```

【说明】这些方法的参数是根据具体访问要求进行安排的，upload()方法的返回结果为资源的存储文件名，download()方法的返回结果是下载资源的文件标识，list()方法的返回结果为资源对象的列表集合，getRes()方法的返回结果是一个资源对象。

2．业务逻辑服务实现

ResServiceImpl 类给出资源访问服务的具体实现。通过属性注入的 ResMapper 对象的方法来完成对数据库的访问处理。这里的难点问题是资源上传和下载的方法设计。

upload()方法将对上传的资源进行登记处理，返回上传资源在服务器上实际的存储名称。由于所有用户上传的文件存储在同一目录下，因此需要对上传的文件进行重新命名，使用资源 ID 作为文件名，文件类型不变。

download()方法对应资源下载的服务处理，返回结果是资源的文件标识。方法内还涉及完成一些辅助操作，包括扣除下载者积分、给资源提供者增加积分、资源下载次数增值等。

【程序见本章电子文档，文件名为 ResServiceImpl.java】

14.1.3　Mapper 层设计

Mapper 层采用 MyBatis 访问数据库的方法。

1．针对资源的 ResMapper 设计

针对资源的 ResMapper 接口设计是核心问题，它提供了服务层和控制器中需要使用的数据操作方法的具体实现。

【程序清单——文件名为 ResMapper.java】

```
@Mapper
public interface ResMapper {
    @Select("SELECT * FROM resdes where resourceID=#{id}")
    public Resdes getResByID(long id);                      //根据 ID 获取资源对象

    @Select("SELECT * FROM resdes where classfyID=#{id}")
    public List<Resdes> getAll(int id);                     //按栏目类别获取资源

    @Update("update resdes set download_times=download_times+1 where resourceID=#{id}")
    public void beDownload(int id);                         //资源下载的次数增值

    @Insert("insert into resdes(
        titleName,description,filetype,userId,score,download_times,classfyID) "
        + "values(#{titleName},#{description},#{filetype},#{userId},#{score},0,#{classfyID})")
    public void insertRes(String titleName, String description, String filetype, String userId,
        int score,int classfyID);                           //新增资源的登记

    @Select("select max(resourceID) from resdes")
    public int getMaxId();                                  //求资源 ID 最大值
}
```

2．针对用户的 UserMapper 设计

这里，针对用户的 Mapper 操作仅关心用户积分的增减以及获取积分。

【程序清单——文件名为 UserMapper.java】

```
@Mapper
public interface UserMapper {
    @Update("update users set score=score- #{s} where username=#{userid}")
    public void minusScore(int s,String userid);        //用户扣分值

    @Update("update users set score=score+ #{s} where username=#{userid}")
    public void addScore(int s,String userid);          //用户增分值

    @Select("select score from users where username=#{userid}")
    public int getScore(String userid);                 //获取用户积分
}
```

3．针对栏目的 ColumnMapper 设计

栏目的访问操作这里仅关心获取所有栏目，实际应用中还可以根据需要扩充。

【程序清单——文件名为 ColumnMapper.java】

```
@Mapper
```

```
public interface ColumnMapper {
    @Select("SELECT * FROM ColumnTable")
    public List<Column> getAll();
}
```

14.2　应 用 配 置

1．Maven 配置

以下是整个应用中需要添加的依赖关系，涉及 Web 启动项、Spring 安全、jdbc 依赖、MyBatis 启动项和 Thymeleaf 视图处理等。

【程序见本章电子文档，文件名为 maven.xml】

2．属性文件 application.properties

【程序清单——文件名为 application.properties】

```
# 以下配置数据库连接
spring.datasource.url=jdbc:mysql: //localhost:3306/test?serverTimezone=UTC
spring.datasource.username=root
spring.datasource.password=abc123
# 以下配置可上传文件大小的最大值
spring.servlet.multipart.max-file-size=20MB
```

3．用户访问安全配置

系统采用 Spring Security 实现用户认证和访问控制。系统共有两类用户：普通用户和管理员用户。管理员可以对栏目和账户进行增删管理，具体实现，读者可以自行补充。管理员所能操作的功能这里省略，其 URI 安排以/manager 作为起始标识，这样方便进行权限分配处理。

由于页面设计使用了框架，在配置中要设置支持跨域访问。

```
http.httpBasic(Customizer.withDefaults());
http.csrf(csrf->csrf.disable());
http.headers(headers -> headers.frameOptions(frameoptions -> frameoptions.sameOrigin()));
 //通过设置 http 头让框架支持跨域访问
```

【程序见本章电子文档，文件名为 SecurityConfig.java】

14.3　访问控制器设计

资源访问控制器是整个应用的核心和关键，对资源的各类访问需求及处理均可在该控制器的设计中体现。

14.3.1　控制器 URI 的 Mapping 设计

Spring 的 MVC 请求访问是按 REST 的资源访问风格进行规划的。控制器的 Mapping 设计要做到统一规划、简明清晰。其路径参数要结合问题需要并结合业务逻辑的方法参数要求。以下为与资源相关的几个控制请求的 URI 设计。

- 首页：/。
- 操作导航页面：/nav。
- 进入上传页面：/upload。
- 进行上传处理：/resource/upload。
- 列某类栏目的所有资源：/resource/class/{classID}。
- 下载某一资源：/resource/download/{resID}。
- 显示某资源的详细信息：/resource/detail/{resourceID}。

对这些 URI 的访问请求，除了上传资源的请求/resource/upload 为 POST 方式外，其他均为 GET 方式。针对资源的各类操作在访问路径设计中以 resource 开头，这样便于访问控制处理。

14.3.2　控制器的实现

在控制器的具体操作要用到前面介绍的服务和 Mapper 对象，因此，通过属性依赖注入相应的对象，包括来自资源的业务服务 Bean，以及来自用户和栏目的 Mapper。

【程序清单——文件名为 ResourceController.java】

```
@Controller
public class ResourceController {
    @Autowired
    private ResService   rs;
    @Autowired
    private UserMapper userMapper;
    @Autowired
    private ColumnMapper columnDao;

    @GetMapping(value = "/")              //对根路径的访问
    public String index() {
        return "index";
    }

    @GetMapping(value = "/nav")           //对导航菜单的访问，左边框架
    public String nav(Model m) {
        List<Column> columns = columnDao.getAll();
        m.addAttribute("columns", columns);
        return "nav";
    }
    .... //类中其他方法接下来分别介绍
}
```

1. 列某类栏目的所有资源

```
@GetMapping(value = "/resource/class/{classID}")
public String listResource(@PathVariable("classID") int classID, Model model)  {
    List<Resdes>   a = rs.list(classID);
    model.addAttribute("resources", a);              //将所有资源对象的列表集合存入模型
    return "listres";
}
```

2. 显示资源的详细信息

```
@GetMapping(value = "/resource/detail/{resourceID}")
public String dispRes(@PathVariable("resourceID") int resID,Model model) {
    Resdes res = rs.getRes(resID);
    model.addAttribute("resource", res);
    return "displayresource";
}
```

3. 进入资源上传页面

```
@GetMapping(value = "/upload")
public String upload(Model m) {
    List<Column> columns = columnDao.getAll();
    m.addAttribute("columns", columns);
    return "resource_upload";
}
```

4. 资源上传的处理

```
@PostMapping(value = "/resource/upload ")
public String handleFormUpload(@RequestParam String titlename,
        @RequestParam   String description,
        @RequestParam   int score,
        @RequestParam   int classfyID,
        @RequestParam("file") MultipartFile file,HttpServletRequest request)  {
    if (!file.isEmpty()) {
        String path = "d://fileupload/";                    //上传文件存放位置
        try{
            byte[ ] bytes = file.getBytes();                //获取上传数据
            String username=request.getRemoteUser(); //获取用户标识
            String filename=file.getOriginalFilename();  //获取上传的文件名
            int pos=filename.indexOf('.');
            String filetype=filename.substring(pos+1);
            String newfile=rs.upload(titlename,description,filetype,username,score,classfyID);
                //调用业务逻辑方法进行上传登记处理
            if (newfile==null )
               return   "redirect:/";
            FileCopyUtils.copy(bytes,new File(path+ newfile)); //写入文件
            //给上传用户增加积分
            userMapper.addScore(10,username);          //用户每上传一个资源增加 10 分
        } catch(IOException e) { }
        return   "redirect:/";                              //转向上传成功的显示视图
    }
```

```
	else
		return   "redirect:/";
}
```

【说明】本应用中假定上传的资源统一存放到 d 盘的 fileupload 目录下。这里利用 FileCopyUtils 工具的 copy()方法将字节数组内容写入文件。

5．资源下载的实现

```
@GetMapping(value = "/resource/download/{resID}")
public void handledownload(@PathVariable("resID") int resID,
         HttpServletRequest request,HttpServletResponse response ) {
    String username=request.getRemoteUser();
    String file = rs.download(resID, username);           //获取要下载资源的文件名
    String path = "d://fileupload/";
    File f = new File(path+file);
    byte[ ] data = new byte[1024];
    try {
        InputStream inputstream = new FileInputStream(f);
        response.setHeader("Content-Disposition","attachment;filename=\"" +
            URLEncoder.encode(file, "UTF-8") + "\"");    //对文件名编码处理
        response.addHeader("Content-Length", "" +f.length());
        response.setContentType("application/octet-stream;charset=UTF-8");
        OutputStream outputStream =new BufferedOutputStream(response.getOutputStream());
        while (true) {
            int byteRead;
            byteRead = inputstream.read(data);
              //从文件读数据给字节数组
            if (byteRead == -1)                            //在文件尾，无数据可读
                break;                                     //退出循环
            outputStream.write(data, 0, byteRead);         //数据送输出流
        }
        outputStream.flush();
        outputStream.close();
        inputstream.close();
    } catch (IOException e) {  }
}
```

14.4　显示视图设计

14.4.1　首页以及资源的栏目分类导航

整个应用界面由左右两部分框架构成，左边框架显示资源的栏目分类导航菜单和操作菜单，右边框架显示变动信息，右边框架名字为 down。导航菜单中超链接通过 target 属性定义信息显示在名字为 down 的框架中。页面的 CSS 样式文件和图片资源见本章电子文档。

【程序清单——文件名为 index.html】

```
<frameset cols="200,*" border=1>
<frame src="/nav" />
<frame name="down" src="/upload" />
</frameset>
```

【程序清单——文件名为 nav.html】

```
<html xmlns:th="http://www.thymeleaf.org">
<head><link rel="stylesheet" type="text/css" href="/css/default.css"></head>
<body>
<img border="0" src="/images/flag.gif" /><br><br>
<ul>
<li><a class="active" href="#">栏目选择</a></li>
<li th:each="m:${columns}" >
<a th:href="@{'/resource/class/'+${m.number}}" target="down">[[${m.title}]]</a>
</li>
</ul>
<ul>
<li><a class="active" href="#">信息管理</a></li>
<li><a href="/upload" target="down">上传资源</a></li>
<li><a href="/manger/column" target="down">栏目管理</a></li>
<li><a href="/regisiter" target="down">用户注册</a></li>
</ul>
</body></html>
```

【注意】应用的图片文件放在工程的 static 路径的 images 子文件夹下。路径/images/file.gif 和 images/file.gif 的含义不同，一个代表根映射路径，另一个代表相对路径，相对路径是相对当前 URL 的路径来计算的。Spring Boot 会智能地查找实际的映射路径。首页的显示效果如图 14-1 所示。

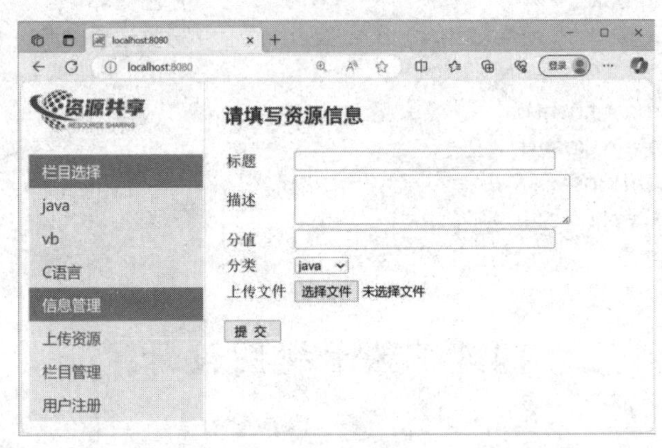

图 14-1　首页

14.4.2　资源上传的视图

资源上传的视图对应的控制器 Mapping 为/upload。视图中要显示一个上传表单供用户填写上传资源的信息，显示效果如图 14-1 的右边框架部分所示。

【程序清单——文件名为 resource_upload.html】

```
<html xmlns:th="http://www.thymeleaf.org">
<head><link rel="stylesheet" type="text/css" href="/css/default.css"></head>
<body leftmargin="20" topmargin="20">
<h2 color=red>请填写资源信息</h2>
<form target="_top" method="post" action="/resource/upload" enctype="multipart/form-data" >
<table width="90%">
<tr><td>标题</td><td><input type="text" name="titlename" size=35/></td></tr>
<tr><td>描述</td><td ><TextArea name="description" rows=3 cols=40></TextArea></td></tr>
<tr><td>分值</td><td><input type="text" name="score" size=35/></td></tr>
<tr><td>分类</td><td><select name="classfyID">
<th:block th:each="m:${columns}">
<option th:value="${m.number}">[[${m.title}]]</option>
</th:block>
</select></td></tr>
<tr><td>上传文件</td><td><input type="file" name="file" /></td></tr></table>
<p><input type="submit" value=" 提 交 " /></p>
</form></body></html>
```

14.4.3　显示某类别资源列表的视图

显示某类别资源列表的视图对应的控制器 Mapping 为/resource/class/{classID}。显示效果如图 14-2 的右边框架部分所示。

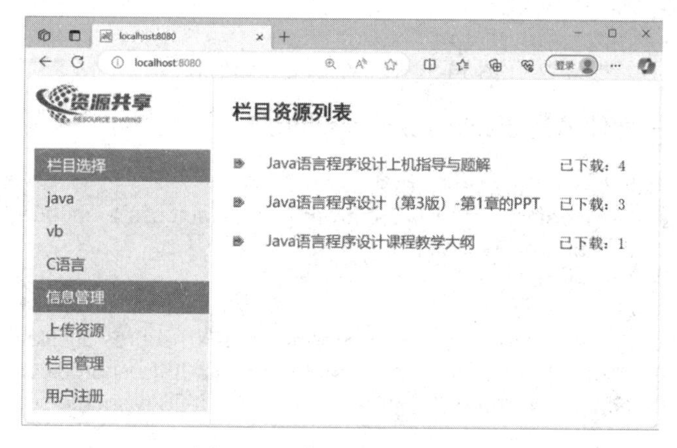

图 14-2　某栏目的资源列表

【程序清单——文件名为 listres.html】

```
<html xmlns:th="http://www.thymeleaf.org">
<head><link rel="stylesheet" type="text/css" href="/css/default.css"></head>
<body leftmargin="20" topmargin="20"><h2>栏目资源列表</h2>
<table>
<tr th:each="res:${resources}" ><td height="40" >
<img border="0" src="/images/file.gif" /> 
<a th:attr="href=@{'/resource/detail/'+${res.resourceID}}">[[${res.titleName}]]</a></td>
<td align=left> <font color="blue">已下载：[[${res.download_times}]]</font></td>
```

```
</tr>
</table></body></html>
```

【思考】当一个栏目中的资源很多时，集中在一页显示浏览不方便，可以考虑支持分页显示，并将最近上传的资源排列在前面，应如何修改程序代码?

14.4.4 显示要下载资源详细信息的视图

显示要下载资源详细信息的视图对应的控制器 Mapping 为/resource/detail/{resourceID}。它将根据模型中存放的资源对象显示资源的详细信息，显示效果如图 14-3 的右边框架部分所示。

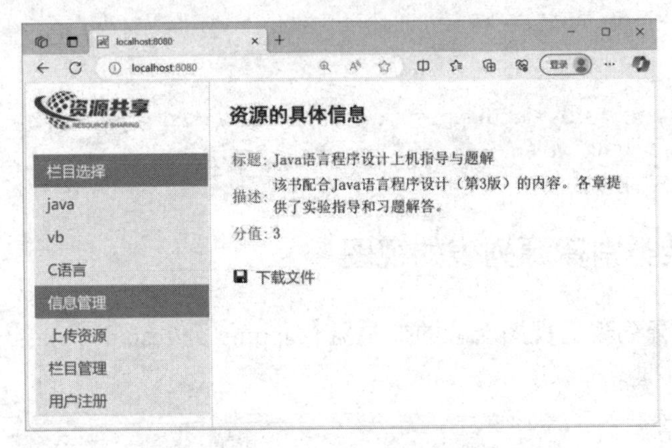

图 14-3 显示资源的详细信息

【程序清单——文件名为 displayresource.html】

```
<html xmlns:th="http://www.thymeleaf.org">
<head><link rel="stylesheet" type="text/css" href="/css/default.css"></head>
<body leftmargin="20" topmargin="20">
<h2 color=red>资源的具体信息</h2>
<table width="100%"><tr>
<td width=40><font color="green">标题:</font></td><td>[[${resource.titleName}]]</td></tr>
<tr><td width=40><font color="green">描述:</font></td><td>[[${resource.description}]]</td></tr>
<tr><td width=40><font color="green">分值:</font></td><td>[[${resource.score}]]</td></tr>
</table> <br/>
<img border="0" src="/images/save.gif" > 
<a th:attr="href=@{'/resource/download/'+${resource.resourceID}}" >下载文件</a>
</body></html>
```

第 14 章课件

第 14 章习题

第 14 章代码

第 15 章　使用 Spring Boot 访问 MongoDB

MongoDB 是一个基于分布式文件存储的非关系数据库（NoSQL），旨在为 Web 应用提供可扩展的高性能数据存储解决方案。NoSQL 用于超大规模数据的存储，例如谷歌或 Facebook 每天为用户收集万亿比特的数据（包括个人信息、社交网络、地理位置、用户操作日志等），这些类型的数据存储不需要固定的模式，易于横向扩展。MongoDB 支持 Ruby、Python、Java、C++、C#等编程语言。本章介绍在 Spring Boot 中如何用 MongoTemplate 和 MongoRepository 这两种方式来访问 MongoDB 数据库。

15.1　MongoDB 简介

MongoDB 是一个面向文档存储的 NoSQL 数据库，MongoDB 将数据存储为一个文档，数据结构由键值对（key=>value）组成，MongoDB 的文档不能有重复的键。MongoDB 中存储的数据是一种类似于 JSON 格式数据的 BSON。Spring Boot 对 MongoDB 的访问提供了很好的支持。

对于 MongoDB 来说，一个数据库服务器可以有多个数据库，每个数据库中有多个集合（Collection），每个集合中有多个文档（Document）。集合就是 MongoDB 文档组，类似于关系数据库中的表格。

MongoDB 支持大部分的数据类型：字符串类型（String）、整型类型（Integer）、浮点类型（Double）、布尔类型（Boolean）、空值（Null）、数组（Arrays）、时间类型（Date）等。MongoDB 的文档不需要设置相同的字段，并且相同的字段不需要相同的数据类型。MongoDB 字段值可以包含其他文档，从而支持文档数组之间的嵌套。

比如，使用以下代码将不同数据结构的文档插入集合中。

```
{"site":"www.baidu.com"}
{"site":"www.ecjtu.edu.cn","name":"华东交通大学"}
{"site":"book.dangdang.com","name":"Spring 教程","number":10}
```

1．在 DOS 命令行启动 MongoDB

MongoDB 安装简单，MongoDB 官网（https://www.mongodb.com）提供了可用于 32 位和 64 位系统的预编译二进制包，从 MongoDB 官网下载.msi 文件，下载后按操作提示安装即可。

进入 MongoDB 安装位置的 bin 目录下，输入以下命令即可启动 MongoDB。

```
C:\mongodb\bin> mongod --dbpath   d:\data
```

其中，d:\data 为 MongoDB 文档数据库的存储位置。

2．MongoDB 的端口

在 resources 下的 application.properties 中加入如下内容。

```
spring.data.mongodb.host=localhost
spring.data.mongodb.database=test
spring.data.mongodb.port=27017
```

Spring Data MongoDB 在使用上有两种实现方式：一种是直接继承框架提供的 MongoRepository 接口，另一种是通过框架提供的 MongoTemplate 对象来操作数据库。

15.2 用 MongoTemplate 访问 MongoDB 案例

在 pom.xml 配置文件中添加如下依赖项。

```
<dependency>
    <groupId>org.springframework.boot</groupId>
    <artifactId>spring-boot-starter-data-mongodb</artifactId>
</dependency>
```

Spring Boot 执行时会智能地连接 MongoDB。MongoOperations 接口定义了众多访问 MongoDB 的方法，如 find()、findAll()、findOne()、insert()、remove()、save()、update()等。MongoTemplate 实现了 MongoOperations 接口，它是线程安全的。MongoTemplate 在进行数据访问操作时将 Java 对象转换为 DBObject，默认转换类为 MongoMappingConverter，同时提供了 Query、Criteria 和 Update 等流式 API 进行各种处理。

1．定义实体类

Spring Data MongoDB 提供了将 Java 类型映射为 MongoDB 文档的注解，@Document 和@Id 注解类似于 JPA 中的@Entity 和@Id 注解。

以下针对代表人（Person）的文档来演示对 MongoDB 的操作访问。

【程序清单——文件名为 Person.java】

```
@Data
@Document(collection = "person")
public class Person {
    @Id
    private String personId;              //人的标识
    private String name;                  //人的姓名
    private List<String> favoriteBooks;   //喜爱的书籍

    public Person() { }

    public Person(String name, List<String> childrenName)   {
        this.name = name;
```

```
        this.favoriteBooks = childrenName;
    }

    public String toString() {
        return String.format("Person{personId='%s', name='%s'}\n", personId, name);
    }
}
```

2．设计数据访问服务层

通过属性自动注入 MongoTemplate 对象，借助 MongoTemplate 的方法调用实现各种数据访问服务功能。

【程序清单——文件名为 PersonDAO.java】

```
@Repository
public class PersonDAO {
    @Autowired MongoTemplate mongoTemplate;
    ... //其他方法接下来介绍
}
```

以下给出各个业务操作的具体实现。

（1）插入和查找所有数据。

插入数据直接通过 MongoTemplate 的 save()方法即可实现。实际上，插入一个新对象也可以使用 insert()方法实现。查找所有人则用 MongoTemplate 的 findAll()方法实现。

```
public Person save(Person person) {                              //插入一个人
    mongoTemplate.save(person);
    return person;
}

public List<Person> getAll() {                                   //获取所有人
    return mongoTemplate.findAll(Person.class);
}
```

（2）实现分页查询。

当数据很多时需要使用分页查询，传递页号和页的大小信息。每次只从数据库中获取 pageSize 数量的对象。

```
public List<Person> getPage(int pageNumber, int pageSize) {      //按分页要求查人
    Query query = new Query();
    query.skip(pageNumber * pageSize);
    query.limit(pageSize);
    return mongoTemplate.find(query, Person.class);
}
```

实现分页查询更为通用的做法是设计一个方法，通过方法参数传递分页要求，方法的结果封装为 Page 类型对象。

```
public Page<Person> getPersonByPage( int pageNumber, int pageSize) {
    Pageable pageable = PageRequest.of(pageNumber,pageSize);
    Query query = new Query();                         //这里没有设置查询需求，则查所有数据
```

```
    long total = mongoTemplate.count(query,Person.class);
    List<Person> list = mongoTemplate.find(query.with(pageable),Person.class);
    Page<Person> page = new PageImpl<>(list,pageable,total);
    return page;
}
```

（3）查找精确匹配对象。

通过 mongoTemplate 对象的 findOne()方法查找精确匹配的一个对象。

```
public Person findOneByName(String name) {                    //根据姓名查第一个满足条件的人
    Query query = new Query();
    query.addCriteria(Criteria.where("name").is(name));
    return mongoTemplate.findOne(query, Person.class);
}
```

（4）找出一定范围的数据。

通过使用条件查询找出一定范围的数据，以下代码查找偏爱同一本书的人。

```
public List<Person> findByFavoriteBooks(String favoriteBook) {
    Query query = new Query();
    query.addCriteria(Criteria.where("favoriteBooks").in(favoriteBook));
    return mongoTemplate.find(query, Person.class);
}
```

（5）更新对象。

更新对象可以使用 save()方法。前面已知，save()方法也可插入一个新对象。

```
public Person updateOne(Person person) {                    //修改一个人
    mongoTemplate.save(person);
    return person;
}
```

更新操作也常使用 update()或 updateFirst()方法实现。例如，以下代码更新某人姓名。方法的操作结果为 WriteResult 类型，其中封装了更新操作结果的状态信息。

```
public WriteResult changeName(String personId, String newName) {
    Query query = new Query(Criteria.where("personId").is(personId));
    Update update = new Update();
    update.set("name",newName);
    return mongoTemplate.updateFirst(query,update,Person.class); //按标识查找并修改某人姓名
}
```

（6）删除对象。

删除对象可以调用 remove()方法，通过方法参数传递对象或具体 ID 标识来实现删除。以下代码是删除参数所指定的 Person 对象。

```
public void delete(Person person) {                    //删除一个人
    mongoTemplate.remove(person);
}
```

以下代码是实现根据 personId 删除某个 Person 对象的代码，其中，personId 代表某人

标识。

```
Query query = new Query(Criteria.where("personId").is(personId));
mongoTemplate.remove(query, Person.class);
```

以下代码可删除所有含 name 的 Person 对象。

```
public void deleteAll(){            //删除所有人
    Query query = new Query();
    query.addCriteria(Criteria.where("name").exists(true));
    mongoTemplate.remove(query,Person.class);
}
```

3．测试数据访问

以下通过 Spring Boot 应用启动自动执行的 Bean 对数据访问进行测试。

【程序清单——文件名为 MongoTemplateApp.java】

```
@Component
public class MongoTemplateApp implements CommandLineRunner {
    @Autowired PersonDAO   dao;

    @Override
    public void run(String... args) {
        dao.deleteAll();
        dao.save(new Person("王猛", List.of("红楼梦", "儒林外史")));
        dao.save(new Person("张平", List.of("聊斋志异", "三国演义")));
        dao.save(new Person("李伟", List.of("西游记", "牡丹亭")));
        dao.save(new Person("丁浩", List.of("离骚", "聊斋志异")));
        System.out.println("全部数据:\n" + dao.getAll());
        System.out.println("分页查询: \n" + dao.getPage(0, 2));
        System.out.println("按姓名查询: \n"+dao.findOneByName("李伟"));
    }
}
```

15.3　使用 MongoRepository 访问 MongoDB

Spring Data 作为 Spring 框架中的一员，致力于为所有不同的 SQL 数据库、NoSQL 数据库提供一致的数据库访问操作，从而让开发人员专心实现业务逻辑。针对 MongoDB，Spring Data 提供了 MongoRepository 数据访问接口。

15.3.1　MongoRepository 的方法介绍

MongoRepository 的继承关系与第九章介绍的 JpaRepository 相同，实现一组 mongodb 规范相关的方法。以下为 MongoRepository<T,ID>接口的主要方法。其中，泛型参数 S 与 T 的约束关系为<S extends T>。

- long count()：统计总数。
- long count(Example<S> example)：按例条件统计总数。
- void delete(T t)：删除给定实体的数据。
- void deleteById(ID id)：删除匹配指定 ID 的某条数据。
- void deleteAll(Iterable<? extends T> entities)：批量删除集合指定数据。
- void deleteAll()：清空表中所有的数据。
- boolean existById(ID id)：判断给定 ID 的实体是否存在。
- boolean exists(Example<S> example)：按例条件判断数据是否存在。
- List<T> findAll() ：获取表中所有的数据。
- List<T> findAll(Sort sort)：获取表中所有数据并按参数要求排序。
- Page<T> findAll(Pageable pageable)：按分页要求获取一页数据。
- List<S> findAll(Example<S> example)：按例条件查询所有匹配数据。
- List<T> findAllById(Iterable<ID> ids)：按 ID 集合查询所有匹配数据。
- Page<S> findAll(Example<S> example,Pageable pageable)：按例条件分页查询。
- List<S> findAll(Example<S> example,Sort sort)：按例条件查询并排序。
- Optional<S> findOne(Example<S> example)：按例条件查询第一条匹配数据。
- S insert(S entity)：插入一条数据。
- List<S> insert(Iterable<S> entities)：插入集合指定的多条数据。
- S save(S entity)：保存一条数据。
- List<S> saveAll(Iterable<S> entities)：保存集合指定的多条数据。

除这些标准方法，还可以编写符合 Spring Data JPA 的标准命名规范的扩展方法，Spring Data 会根据开发者编写的方法自动完成相应查询，而不需要实现这个方法。

15.3.2　MongoRepository 的使用样例

以下结合样例介绍使用 MongoRepository 访问 MongoDB 的编程方法。

1．编写应用实体类

【程序清单——文件名为 Food.java】

```
@Document
@Data
public class Food {
    @Id
    public long id;
    public static long idx = 1000;          //标识码初始值
    public String name;                     //食物名称
    public double price;                    //食物价格

    public Food (String name, double price) {
        id = idx++;                         //标识码的值递增
```

```
        this.name = name;
        this.price = price;
    }

    public String toString() {
        return String.format("Food[id=%s, 名称=%s, 价格=%.1f]", id, name, price);
    }
}
```

其中，@Id 的属性要在赋值中保证唯一性。这里，通过一个类变量来实现值递增。注意，MongoDB 不支持以注解方式来实现自动增值。

2．编写访问数据库的 Repository 接口

【程序清单——文件名为 FoodRepository.java】

```
public interface FoodRepository extends MongoRepository<Food,Long> {
    public Food findByName(String name);
    public List<Food> findByPrice(double price);
    public Food findById(long id);
    public List<Food> findByNameLike(String name);
}
```

【注意】MongoRepository 接口是 Spring Boot 针对 MongoDB 提供的操作访问接口。这里定义的 FoodRepository 接口中加入了符合标准命名规范的扩展方法，其中，findByNameLike()方法支持模糊查找。

3．测试数据访问

以下通过 Spring Boot 应用启动时自动执行的 Bean 来测试部分方法调用，注意观察 findByPrice()方法的执行结果。

【程序清单——文件名为 FoodApp.java】

```
@Component
public class  FoodApp  implements CommandLineRunner {
    @Autowired FoodRepository repository;

    public void run(String... args) throws Exception {
        repository.deleteAll();                                    //删除所有数据
        repository.save(new Food("花卷", 1.0));                    //存入数据
        repository.save(new Food("馒头", 0.5));
        repository.save(new Food("肉包", 1.5));
        repository.save(new Food("酸奶包", 1.5));
        for (Food food : repository.findByPrice(1.5))
                System.out.println(food);
        System.out.println(repository.findByName("花卷"));
        System.out.println(repository.findByNameLike("*包"));     //模糊查找
    }
}
```

【运行结果】

```
Food[id=1002, 名称=肉包, 价格=1.5]
Food[id=1003, 名称=酸奶包, 价格=1.5]
Food[id=1000, 名称=花卷, 价格=1.0]
[Food[id=1002, 名称=肉包, 价格=1.5], Food[id=1003, 名称=酸奶包, 价格=1.5]]
```

【技巧】这里 findByNameLike()方法的查询内容表达和 SQL 语句中 Like 关键词的表达不同，不能使用“%”通配符，这里使用“*”通配符来匹配任意字符串。

第 15 章课件

第 15 章习题

第 15 章代码

第 16 章　Spring Boot 响应式编程

响应式编程（reactive programming）是一种面向数据流和变化传播的编程范式。随着 Java 8 的发布，Java 支持函数式编程和流计算，响应流 API 是 Java 9 的一部分，这些为响应式编程提供了基础。从 Spring Boot 2.x 和 Spring 5 开始就对响应式 Web 编程提供了全面支持，出现了 WebFlux 框架，可快速开发响应式代码。本章主要就响应式编程中的流对象以及 WebFlux 的具体应用编程方法进行介绍。

16.1　认识 Spring 的响应式编程

1．响应式编程的特点

生活中有很多响应式例子，比如银行服务窗口，如果客户太多，则银行要设法加快办理速度（如增加窗口和人手）或者通知后面客户稍后再来。响应式编程采用发布/订阅的消息驱动工作方式，生产者发布消息，消费者接收处理消息。响应式编程会建立基于数据流的管道，数据在管道中进行各种处理。响应式编程具有如下特点。

- 响应式编程是异步和事件驱动，以高效流畅的方式对数据进行响应。
- 引入背压机制，可管理数据发布者和消费者之间的异步数据流，避免内存不足。换句话说，发布者可以感受到消费者反馈的压力，并根据压力动态调整生产速率。
- 在高并发环境中，可以更自然地处理消息，提高系统吞吐量。执行 I/O 操作的任务可以通过异步和非阻塞方式执行，而且不阻塞当前线程。
- 可以有效管理多个连接系统之间的通信。

响应式流规范定义了 Publisher、Subscriber、Subscription、Processor 四个核心接口。

（1）消息发布者（Publisher）。

Publisher 接口用来定义消息发布者的行为，其中只有 subscribe()方法，方法参数为订阅者，用来指定发布的消息推送给哪些订阅者。发布者在订阅者调用 request()之后把消息推送给订阅者。

```
public interface Publisher<T> {
      public void subscribe(Subscriber<? super T> s);
}
```

（2）消息订阅者（Subscriber）。

Subscriber 接口用来定义消息订阅者的行为。

```
public interface Subscriber<T> {
```

```
    public void onSubscribe(Subscription s);
    public void onNext(T t);
    public void onError(Throwable t);
    public void onComplete();
}
```

Subscriber 接口的各个方法的具体描述如下。

- ❑ onSubscribe()：按参数描述进行消息订阅，借助 Subscription 中的 request()方法的描述，订阅者可以告诉发布者发送指定数量的消息。
- ❑ onNext()：当有发布的消息到来时触发执行该方法。
- ❑ onError()：当有消息出现错误时触发执行该方法。
- ❑ onComplete()：当消息全部发送完毕时触发执行该方法。

（3）订阅描述（Subscription）。

Subscription 接口用来表达订阅要求，包括 request()和 cancel()两个方法。

```
public interface Subscription {
    public void request(long n);        //请求 n 个数据
    public void cancel();               //取消订阅
}
```

（4）消息处理器（Processor）。

Processor 接口同时继承 Subscriber 和 Publisher 接口，用来表达消息处理的一个阶段。在具体数据流转过程中，Processor 以 Subscriber 的角色订阅并处理来自 Publisher 的数据，又以 Publisher 的角色接受其他 Subscriber 的订阅。

```
public interface Processor<T, R> extends Subscriber<T>, Publisher<R> { }
```

2．响应式编程的应用场景

响应式编程广泛应用于现代 Web 应用和移动应用设计中。Apps 应用程序具有丰富的实时事件，响应式编程可为用户提供高度交互式的体验。例如，MOOC 上学生用户提交了某课程作业，相关消息会实时通知给该课程的 Apps 在线教师。又如，平台在发现某个作业即将过期时，也会将消息推送给该课程的 Apps 学生账户。

以下是响应式编程的典型应用场景。

- ❑ 大量的交易处理服务，如银行部门。
- ❑ 大型在线购物应用程序的通知服务，如亚马逊。
- ❑ 股票价格同时变动的股票交易业务。

3．Spring 的响应式编程服务端技术栈

Spring 提供了完整的支持响应式的服务端技术栈。如图 16-1 所示，左侧为基于 spring-webmvc 的技术栈，右侧为基于 spring-webflux 的技术栈。Spring WebFlux 是基于响应式流的，可以用来建立异步的、非阻塞的、事件驱动的服务。Spring WebFlux 也支持响应式的 Websocket 服务端开发。

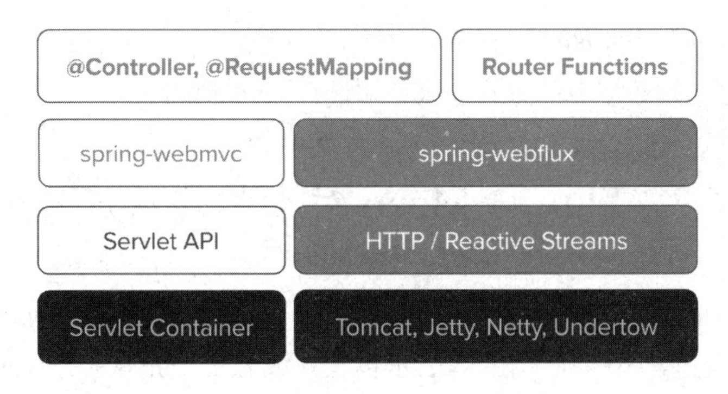

图 16-1　Spring 响应式编程技术栈

由于响应式编程的特性，Spring WebFlux 和 Reactor 底层需要支持异步的运行环境，WebFlux 默认使用 Netty 作为服务器，也可以运行在支持异步 I/O 的 Servlet 3.1 的容器上，如 Tomcat 和 Jetty。

spring-webflux 上层支持两种开发模式：一种是类似 Spring Web MVC 的基于注解（@Controller、@RequestMapping）的开发模式；另一种是 Lambda 表达式风格的函数式开发模式。这两种编程模型只是在代码编写方式上存在不同，其底层的基础模块是一样的。

基于 Reactive Streams 的 Spring WebFlux 框架，从上往下依次是 Router Functions、WebFlux、Reactive Streams 三个新组件。

- Router Functions：对标@Controller、@RequestMapping 等标准的 Spring MVC 注解，提供一套函数式风格的 API，用于创建 Router、Handler 和 Filter。
- WebFlux：核心组件，协调上下游各个组件，提供响应式编程支持。
- Reactive Streams：一种支持背压（Backpressure）的异步数据流处理标准，主流实现有 RxJava 和 Reactor，Spring WebFlux 默认集成的是 Reactor。

Reactor 是一个基于 JVM 的异步应用基础库，可以高效、异步地传递应用消息。Reactor 的核心机制有三个关键点：（1）事件驱动；（2）可以处理一个或多个输入源；（3）通过服务处理器同步将输入事件采用多路复用分发给相应的请求处理器处理，如图 16-2 所示。

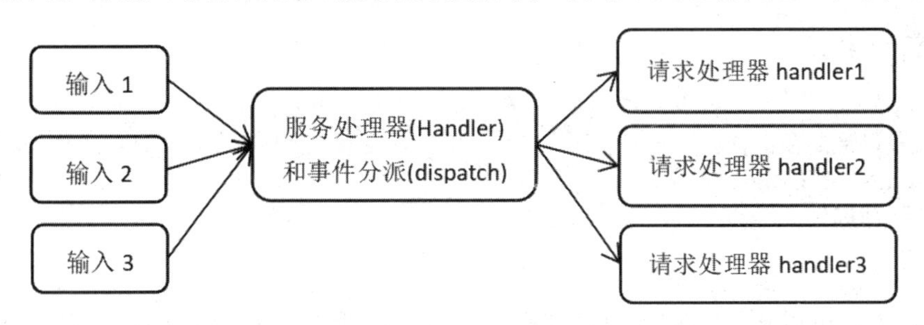

图 16-2　Reactor 的核心机制

4．响应式 Http 客户端

Spring WebFlux 提供了一个响应式的 HTTP 客户端 API（WebClient）。它可以用函数式的方式异步非阻塞地发起 HTTP 请求并处理响应，其底层由 Netty 提供异步支持。

WebClient 可看作响应式的 RestTemplate，与后者相比，前者是非阻塞的。WebClient

可基于少量的线程处理更高的并发，可使用 Lambda 表达式，支持异步的同时可以支持同步的使用方式，可通过数据流的方式与服务端进行双向通信。

16.2　Flux 与 Mono 对象构建及流处理

响应式编程要理解 Reactor 的两个核心概念，一个是 Flux，另一个是 Mono。Flux 表示包含 0 到 N 个元素的异步序列。Mono 表示包含 0 或者 1 个元素的异步序列。注意，这两个序列均是支持发布/订阅的 Publisher<T>。以 Flux 对象为例，其拥有众多方法，其中，subscribe()就是最典型的一个方法，调用该方法需要提供一个 Consumer 类型（消费者）的参数。消费者实际是一个函数，这个函数将对发布者提供的数据进行处理。

16.2.1　Flux 与 Mono 对象构建

Reactor 提供了丰富的 API 来创建 Flux、Mono 对象。

1．使用静态工厂类创建 Flux 对象

以下是使用 Flux 的若干静态方法创建 Flux 对象的示例。

【程序清单——文件名为 Chapter16Application.java】

```
Flux.just("振兴", "中华").subscribe(System.out::print);
System.out.println();
Flux.fromArray(new String[] {"团结","友善", "勤俭","自强"}).subscribe(System.out::print);
System.out.println();
Flux.range(1, 10).subscribe(e->System.out.print(e+","));
System.out.println("--*");
Flux.interval(Duration.of(10, ChronoUnit.SECONDS))
.subscribe(System.out::print);
```

【运行结果】

```
振兴中华
团结友善勤俭自强
1,2,3,4,5,6,7,8,9,10,--*
012345678910
```

以下是上面使用到的方法的具体介绍。

- just()：可以指定序列中包含的全部元素。创建出来的 Flux 序列在发布这些元素之后会自动结束。
- fromArray()：该方法从一个数组创建流对象。类似地，fromIterable()、fromStream()分别通过 Iterable 集合和 Stream 对象来创建 Flux 对象。
- range(int start, int count)：创建包含从 start 起始的 count 数量的 Integer 对象的序列。
- interval(Duration period)和 interval(Duration delay, Duration period)：创建一个包含

从 0 开始递增的 Long 对象的序列。其中包含的元素按照指定的间隔来发布。除了间隔时间，还可以指定起始元素发布之前的延迟时间。

除了上述方式，还可以使用 Flux 的 generate()、create()方法来自定义流数据。

（1）使用 Flux 的 generate()方法。

```
Flux.generate(sink -> {
        sink.next("Echo");
        sink.complete();
    }
 ).subscribe(System.out::println);
```

【说明】generate 操作只提供序列中单个消息的产生逻辑（同步通知），其中的 sink.next()最多只能调用一次，上面的代码仅产生一个 Echo 消息。

（2）使用 Flux 的 create()方法。

```
Flux.create(sink -> {
            for (char i = 'a'; i <= 'z'; i++)
                sink.next(i);
            sink.complete();
        }
 ).subscribe(System.out::print);
```

【说明】create 操作提供的是整个序列的产生逻辑，sink.next()可以调用多次（异步通知），如上面的代码将会产生 a～z 的小写字母。

2．使用静态工厂类创建 Mono 对象

Mono 对象的创建方式与 Flux 对象相似。以下是创建 Mono 对象的若干示例。

```
Mono.fromSupplier(() -> "爱国").subscribe(System.out::println);
Mono.justOrEmpty(Optional.of("守法")).subscribe(System.out::println);
Mono.create(sink -> sink.success("诚信")).subscribe(System.out::println);
```

16.2.2　响应式处理中的流计算

1．缓冲（buffer）

buffer 操作是将流的一段截停后再做处理。

```
Flux.range(1, 100).buffer(20).subscribe(System.out::println);
Flux.range(1, 10).bufferWhile(i -> i % 2 == 0).subscribe(System.out::println);
```

其中，buffer(20)是指凑足 20 个数字后再进行处理，该语句会输出 5 组数据（按 20 个一组进行分组）；bufferWhile(Predicate p)则仅仅是收集满足断言（条件）的元素，这里将会输出 2, 4, 6…这样的偶数。

window 操作与 buffer 操作类似，不同之处在于其在缓冲截停后并不会输出一些元素列表，而是直接转换为 Flux 对象。

```
Flux.range(1, 100).window(20) .subscribe(flux -> flux.buffer(5).subscribe(System.out::println));
```

window(20)返回的结果是一个 Flux 类型的对象，这里对其进行了缓冲处理。因此上面的代码会按 5 个数一组输出：

```
[1, 2,   3, 4, 5][6, 7, 8, 9, 10][11, 12, 13, 14, 15]...
```

2．过滤（filter）/提取（take）

filter 操作用于对流元素进行过滤处理。例如：

```
Flux.range(1, 10).filter(i -> i%2==0).subscribe(System.out::println);
```

take 操作用来提取想要的元素，与 filter 过滤动作恰恰相反。例如：

```
Flux.range(1, 10).take(2).subscribe(System.out::println);
Flux.range(1, 10).takeLast(2).subscribe(System.out::println);
Flux.range(1, 10).takeWhile(i->i<5).subscribe(System.out::println);
```

其中，take(2)指提取前面的两个元素；takeLast(2)指提取最后的两个元素；takeWhile(Predicate p)指提取满足条件的元素。

3．转换（map）

map 操作可以将流中的元素进行个体转换。以下代码的输出结果是 1 到 10 的平方。

```
Flux.range(1, 10).map(x -> x*x).subscribe(System.out::println);
```

flatMap 操作用于将 Flux 中的每个元素进行一对多的转换。对于每个元素，flatMap 操作会应用一个转换函数，该操作返回一个新的 Flux 对象。

```
Flux.just("one","two")
.flatMap( e-> {    List<String> x = new ArrayList<>();
                   for (int k=0;k<2;k++)
                        x.add(e + k);
                   return Flux.fromIterable(x);
}).subscribe(e->System.out.print(e+ " ") );
```

上面的代码输出：

```
one0 one1 two0 two1
```

4．合并（zipWith）和合流（merge）

zipWith 操作可以实现流元素合并处理。以下 zipWith 操作中通过一个 BiFunction 来实现合并计算。

```
Flux.just("I", "You")
     .zipWith(Flux.just("Win", "Lose"), (s1, s2) -> String.format("%s,%s!", s1, s2))
     .subscribe(System.out::println);
```

上面的代码输出：

```
I,Win!
You,Lose!
```

合流的计算可以使用 merge 或 mergeSequential 操作，两者的区别在于：merge 的结果是元素按产生时间排序，而 mergeSequential 的结果则是按整个流被订阅的时间排序。

```
Flux.merge(Flux.range(1, 10).take(3), Flux.range(5, 10).take(2))
        .toStream().forEach(System.out::print);
```

输出结果为 12356。

合流结果是从第一个流中提取了前 3 个数据，从第 2 个流中提取了前两个数据。

5．累积（reduce）

reduce 操作符对流中包含的所有元素进行累积操作，得到一个包含计算结果的 Mono 序列。累积操作参数是通过 BiFunction 来表示的。

```
Flux.range(1, 100).reduce((x, y) -> x + y).subscribe(System.out::println);
```

这里通过 reduce 计算出 1～100 的累加，结果输出为 5050。

另一个累积操作符 reduceWith 是先指定一个起始值，在这个起始值基础上累加。

```
Flux.range(1, 100).reduceWith(()->100, (x, y) -> x + y).subscribe(System.out::println);
```

上面代码的输出结果为 5150。

16.3　用 WebFlux 的函数式编程开发响应式应用

用 WebFlux 实现响应式应用有基于注解和函数式编程两种方式，以下介绍 Spring Boot 中利用函数式编程实现响应式应用开发的具体过程。

16.3.1　项目创建与依赖关系

在 STS 中创建一个 Spring Starter Project，在选项中选中 Spring Reactive Web，表明要创建响应式 Web 项目。打开项目的 pom.xml 文件，会发现若干依赖项。其中，spring-boot-starter-webflux 是响应式开发的核心依赖项，reactor-test 是 Spring 官方提供的针对 RP 框架测试的工具库，spring-boot-starter-test 是 Spring Boot 的单元测试工具库。

16.3.2　创建实体类

以课程（Course）为例，其中包括课程编号、课程名、学时等属性。编写构造方法，并通过@Data 注解提供各属性的 setter()、getter()以及 toString()方法。

【程序清单——文件名为 Course.java】

```
@Data
public class Course   {
    private String bh;
    private String name;
    private int hours;

    public   Course(String bh, String name, int hours) {
        this.bh = bh;
        this.name = name;
        this.hours = hours;
    }
}
```

16.3.3 创建 Flux 对象产生器

【程序清单——文件名为 FluxGenerator.java】

```
@Component
public class FluxGenerator {
    public Flux<Course>   genData() {
        List<Course> data = new ArrayList<>();
        data.add(new Course("202383132","数据库原理", 48));
        data.add(new Course("202314281","Java 语言程序设计", 32));
        return Flux.fromIterable(data);
    }
}
```

实际应用中可通过各种途径提供 Flux 数据。因此，该类不是必需的。

16.3.4 创建服务处理程序

在服务处理程序中可使用 ServerRequest 和 ServerResponse 对象，ServerRequest 可以访问各种 HTTP 请求元素，包括请求方法、URI 和参数，还可通过 ServerRequest.Headers 获取 HTTP 请求头信息。ServerRequest 通过一系列 bodyToXxx()方法提供对请求消息体进行访问的途径。以下代码将请求消息体提取为 Mono<String>类型的消息对象。

```
Mono<String> str = request.bodyToMono(String.class);
```

类似地，ServerResponse 对象提供对 HTTP 响应的访问，其 ok()方法创建代表 200 状态码的响应，contentType()方法设置响应体的类型，而 body()方法设置响应的内容。

如果响应数据是字符串，可以使用下面的形式。

```
ok().contentType((MediaType.TEXT_PLAIN).body(BodyInserters.fromObject("Hello!"));
```

如果响应数据是集合数据，可以使用类似下面的形式。

```
ok().contentType(MediaType.APPLICATION_JSON).body(data,Course.class)
```

具体程序代码如下，文件名为 ServiceHandler.java。

```
@Component
public class ServiceHandler {
    private final Flux<Course>   courses;

    public ServiceHandler(FluxGenerator dataGenerator) {
        courses = dataGenerator.genData();        //产生数据流
    }

    public Mono<ServerResponse> hello(ServerRequest request) {
        return ServerResponse.ok().contentType(MediaType.TEXT_PLAIN)
          .body(Mono.just("welcome you!"), String.class);
    }

    public Mono<ServerResponse> all(ServerRequest request) {
        return ServerResponse.ok().contentType(MediaType.APPLICATION_JSON)
          .body(courses, Course.class);
    }
}
```

【分析】 ServiceHandler 类中给出了若干方法实现对 HTTP 请求的处理逻辑，产生 Mono<ServerResponse>的返回结果，也就是在 Mono 中封装响应数据。

另外，还可用专门的 HandlerFunction 函数来充当服务处理程序，Spring 响应式服务在 HandlerFunction 接口中定义了 handler()方法来实现请求响应处理。例如:

```
public class HelloFunction implements HandlerFunction<ServerResponse> {
    @Override
    public Mono<ServerResponse> handler(ServerRequest request) {
        return ServerResponse.ok().body(Mono.just("Hello"),String.class);
    }
}
```

16.3.5　创建路由器

路由器用来为具体的请求和处理逻辑建立关联，每个 RouterFunction 与@Controller 定义的控制器中@RequestMapping 注解的功能类似。

【程序清单——文件名为 MyRouter.java】

```
@Configuration
public class   MyRouter {
    @Bean
    public RouterFunction<ServerResponse>   myroute(ServiceHandler h) {
        return RouterFunctions.route()
        .GET("/hello", RequestPredicates.accept(MediaType.TEXT_PLAIN), h::hello)
        .GET("/all", RequestPredicates.accept(MediaType.APPLICATION_JSON), h::all)
        .build();
```

```
    }
}
```

【说明】使用 RouterFunctions 的 route()方法得到 Builder 对象来完成路由配置构建。通过 GET()方法设置 GET 类型的请求，该方法包含 3 个参数，第 1 个参数是代表请求路径的URL 字符串，第 2 个参数是代表请求接收的数据类型的谓词，第 3 个参数是 HandlerFunction 类型的函数。路由处理返回结果为 RouterFunction<ServerResponse>对象。

16.3.6　启动应用进行访问测试

启动应用是运行加注@SpringBootApplication 注解的 Spring Boot 应用入口程序。

在浏览器地址栏中输入 http://localhost:8080/hello，结果如图 16-3 所示。

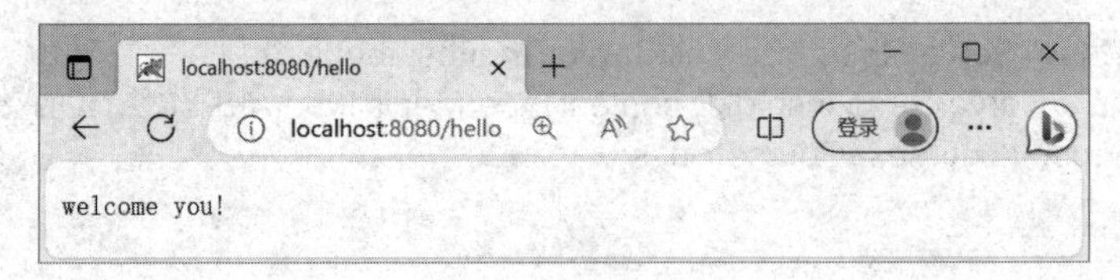

图 16-3　访问/hello，结果为单一字符串数据

在浏览器地址栏中输入 http://localhost:8080/all，得到课程集合信息，结果如图 16-4 所示。

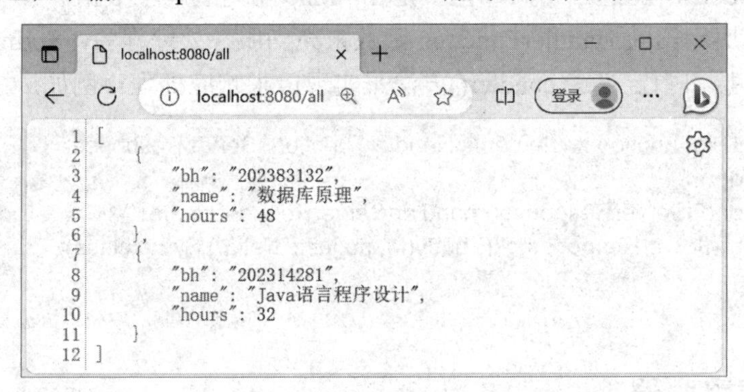

图 16-4　访问/all，结果为课程集合数据

16.4　用 WebFlux 访问 MongoDB

WebFlux 不支持对 MySQL 数据库的访问，但支持对 MongoDB 的访问。在 WebFlux 编程中，访问 MongoDB 可以通过 ReactiveMongoTemplate 或者 ReactiveMongoRepository 实现。

16.4.1　WebFlux 访问数据库的方式

为支持响应式方式访问 MongoDB，在项目中引入如下依赖项。

```
<dependency>
    <groupId>org.springframework.boot</groupId>
    <artifactId>spring-boot-starter-data-mongodb-reactive</artifactId>
</dependency>
```

下面的代码使用 ReactiveMongoTemplate 进行 Course 对象的保存操作。

【程序清单——文件名为 MongoTest.java】

```
@Component
public class MongoTest  implements CommandLineRunner  {
    @Autowired
    private ReactiveMongoTemplate reactiveMongoTemplate;
    public void run(String... args) throws Exception {
        Course java = new Course("304823941","Java 高级编程技术", 32);
        Mono<Course> mono = reactiveMongoTemplate.save(java);
        mono.subscribe(System.out::println);
    }
}
```

Spring Reactive Data 也提供了响应式 ReactiveMongoRepository 接口，其继承关系如图 16-5 所示。

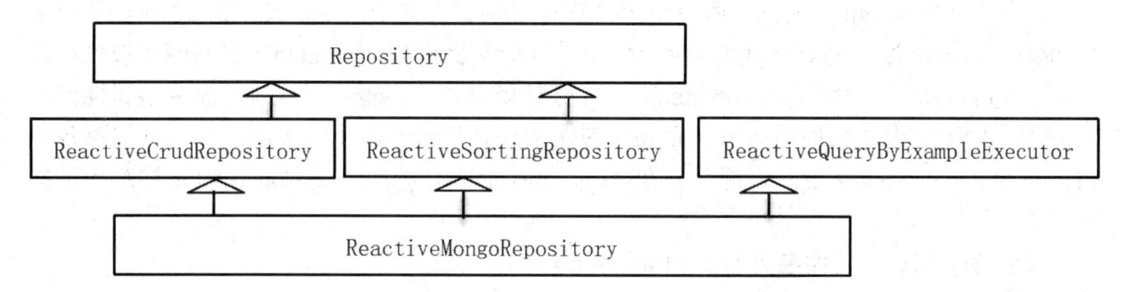

图 16-5　Spring Reactive Data 中核心接口的继承关系

ReactiveCrudRepository<T,ID>接口提供了一套基本的针对数据流的 CRUD 操作方法。所有方法都是异步的，返回结果为 Flux 或 Mono 类型。

- ❑ Mono<Long> count()：统计实体数量。
- ❑ Mono<Void> delete(T entity)：删除给定实体。
- ❑ Mono<Void> deleteAll()：删除所有实体。
- ❑ Mono<Void> deleteAll(Iterable<? extends T> entities)：删除给定实体。
- ❑ Mono<Void> deleteAll(Publisher<? extends T> entityStream)：删除由发布者提供的给定实体。
- ❑ Mono<Void> deleteById(ID id)：按给定 id 删除实体。
- ❑ Mono<Void> deleteById(Publisher<ID> id)：删除由发布者提供 id 的实体。
- ❑ Mono<Boolean>　existsById(ID id)：判断给定 id 的实体是否存在。
- ❑ Mono<Boolean>　existsById(Publisher<ID> id)：判断由发布者提供的给定 id 的实体是否存在。

- Flux<T> findAll()：返回所有实例。
- Flux<T> findAllById(Iterable<ID> ids)：返回给定 ids 的 T 类型的实例。
- Flux<T> findAllById(Publisher<ID> idStream)：返回发布者提供的给定 ids 的 T 类型的实例。
- Mono<T> findById(ID id)：按 id 检索实体。
- Mono<T> findById(Publisher<ID> id)：按发布者提供的 id 检索实体。
- <S extends T> Mono<S> save(S entity)：保存给定实体。
- <S extends T> Flux<S> saveAll(Iterable<S> entities)：保存所有给定实体。
- <S extends T> Flux<S> saveAll(Publisher<S> entityStream)：保存发布者提供的所有给定实体。

在 ReactiveSortingRepository<T, ID>接口中提供了如下方法。

Flux<T> findAll(Sort sort)：该方法返回按给定条件排序后的所有实体。

16.4.2 使用 ReactiveMongoRepository 访问数据库案例

1．编写实体类

以山川（Mountain）为例。假设山川名称（name）具有唯一性，可作为 ID 属性。对于添加@Document 注解的类会映射对应 MongoDB 的文档对象，Mountain 类有两个属性：山川名称（name）、山川位置（situated）。@Id 注解添加在 name 属性前，表明该属性作为 ID 属性。以下类中还添加构造方法和 toString()方法，并通过添加@Data 注解自动提供各个属性的 Setter 和 Getter 方法，通过@AllArgsConstructor、@NoArgsConstructor 注解提供构造方法。

【程序清单——文件名为 Mountain.java】

```
@Data
@AllArgsConstructor
@NoArgsConstructor
@Document
public class Mountain{
    @Id
    private String name;
    private String situated;

    public String toString() {
        return  name + "位于" + situated;
    }
}
```

2．构建存储库

【程序清单——文件名为 MountainRepository.java】

```
@Repository
public interface MountainRepository extends ReactiveMongoRepository<Mountain,String>{  }
```

【注意】由于带@Id 注解的 name 属性是 String 类型，因此接口中第 2 个泛型参数要求是 String 类型。相应地，接口提供的 findById()方法的参数也将是 String 类型。

3．启动 Spring Boot 进行测试

运行此应用前要启动 MongoDB 服务器。

【程序清单——文件名为 ReactiveApplication.java】

```
@SpringBootApplication
public class ReactiveApplication {
    public static void main(String[ ] args) {
        SpringApplication.run(ReactiveApplication.class, args);
    }

    @Bean
    ApplicationRunner init(MountainRepository repository) {
        Object[ ][ ] data = { { "庐山", "江西" }, { "井冈山", "江西" }, { "黄山", "安徽" } };
        return args -> {
            repository.deleteAll()
            .thenMany(Flux.just(data).map(a ->{
                return new Mountain((String)a[0],(String)a[1]);
             })
            .flatMap(repository::save))   //对每个数据进行保存操作
            .thenMany(repository.findAll())
            .subscribe(System.out::println);
        };
    }
}
```

【运行结果】

```
庐山位于江西
黄山位于安徽
井冈山位于江西
```

其中，thenMany()是 WebFlux 中的一个操作函数，它将在前面的操作执行完后，执行参数中的操作，操作返回结果是一个 Flux 对象。

若将以上代码中 findAll()改成 findById("井冈山")，则结果只有一条数据，如下：

```
井冈山位于江西
```

16.5　在 WebFulx 中用注解编写控制层组件

WebFlux 与 Spring MVC 的主要区别是底层核心通信方式是否阻塞，响应式控制器是非阻塞的 ServerHttpRequest 和 ServerHttpResponse 对象，而不是 Spring MVC 中的 HttpServletRequest 和 HttpServletResponse 对象。WebFlux 的控制器的映射方法通常返回响

应式类型的数据对象。

以下程序针对上节介绍的山川（Mountain）数据对象给出控制器设计。

【程序清单——文件名为 MountainController.java】

```
@RestController
@RequestMapping(path = "/mountain")
public class MountainController {
    @Autowired
    private MountainRepository mountainRepository;

     /*   以下添加数据   */
    @PostMapping()
    public Mono<Mountain> addMountain(@RequestBody Mountain mountain) {
          return mountainRepository.save(mountain);
    }

    /* 以下获取所有数据 */
    @GetMapping()
    public Flux<Mountain> getAll() {
          return mountainRepository.findAll();
    }

     /* 以下根据标识获取某个数据 */
    @GetMapping("/{id}")
     public Mono<Mountain> getMountain(@PathVariable String id) {
          return mountainRepository.findById(id);
     }
}
```

Mapping 注解可带属性参数。例如，以下代码规定提交内容的 Content-Type 为 JSON 类型。

```
@PostMapping(path="/add", consumes="application/json", produces="application/json")
public @ResponseBody Mono<Mountain> addMountain(@RequestBody Mountain mountain) {
      return mountainRepository.save(mountain);
}
```

在@PostMapping 注解的属性中经常使用如下元素。

- value 或 path：指定请求路由地址。
- params：指定请求中必须包含某些参数值。
- headers：指定请求中必须包含某些指定的 header 值。
- consumes：请求提交内容类型，MediaType 方式，如 application/json、application/x-www-urlencode、multipart/form-data 等。
- produces：请求返回的数据类型，仅当 request 请求头中的（accept）类型中包含该指定类型时才返回，如 application/json。

16.6　用 WebClient 测试访问响应式服务

在 Spring 中提供了 RestTemplete 工具类进行 Rest 风格的服务调用，该工具类不支持响应式处理规范，也就无法提供非阻塞式的流式操作。Spring 5 提供了支持响应式规范的 WebClient 工具类。

16.6.1　测试 get 方式访问

以下在单元测试中用 WebClient 的 get()方法访问响应式微服务。如果工程调试中不能识别@Test 注解，可根据 STS 给出的解决方案让其自动解决。STS 内置插件 JUnit5，将其添加到工程的库路径中即可。

【程序清单——文件名为 WebTest.java】

```
public class WebTest {
    @Test
    public void webClientTest2() throws InterruptedException {
        WebClient webClient = WebClient.builder().baseUrl("http:    // localhost:8080").build();
        webClient.get()
        .uri("/mountain").accept(MediaType.APPLICATION_JSON)
        .retrieve()
        .bodyToFlux(Mountain.class)
        .doOnNext(System.out::println)
        .blockLast();
    }
}
```

【说明】 程序执行过程是：（1）用 WebClient 的 builder()方法来构建 WebClient 对象；（2）配置请求头，内容类型为 APPLICATION_JSON；（3）获取响应信息，返回值为 ClientResponse 类型，这里使用 retrieve()方法获取 HTTP 响应体；（4）使用 bodyToFlux() 将 ClientResponse 对象映射为 Flux 数据；（5）读取每个元素，然后打印出来。

应用中注意 block()方法和 subscribe()方法的差异，block()方法是阻塞式获取响应结果，subscribe()是用于非阻塞异步响应结果的订阅方法。

还可以按如下代码所示引入背压机制，控制每隔 2 秒输出一个数据。

```
.doOnNext(System.out::println)
.limitRate(1).delayElements(Duration.ofSeconds(2)).blockLast();
```

16.6.2　测试 post 方式访问

响应式微服务常用于在分布式计算的应用之间共享信息，JSON 形式的消息应用广泛。

以下样例给出了针对 JSON 形式消息的两种处理情形。注意控制器中@PostMapping 注解方法的参数类型要与 WebClient 访问所传递的实参类型匹配。

以下代码中将 WebClient 对象定义为实例变量，这样在后面测试方法中可直接使用。

【程序清单——文件名为 PostTest.java】

```
public class PostTest {
    //创建 WebClient
    WebClient webClient = WebClient.builder()
    .baseUrl("http://localhost:8080").build();
    ... //某个加注@Test 的测试方法
}
```

1．使用 Post 方法向服务端提交 JSON 字符串数据

（1）控制器的@PostMapping 注解方法。

在控制器中添加如下代码：

```
@PostMapping(path="/add", consumes="application/json", produces="application/json")
public Mono<Mountain> postWithJsonString(@RequestBody Mountain mountain){
    return mountainRepository.save(mountain);
}
```

（2）WebClient 访问测试代码。

在 PostTest 类中添加如下代码：

```
@Test
public void testPostJsonStr() {
     //以下是提交给服务端的 JSON 字符串
    String jsonStr = "{\"name\": \"泰山\",\"situated\": \"山东\"}";
    webClient.post()                                         //发送 POST 请求
    .uri("/mountain/add")                                    //请求路径
    .contentType(MediaType.APPLICATION_JSON)                 //内容包装形式
    .body(BodyInserters.fromValue(jsonStr))                  //请求体的数据内容
    .retrieve()
    .toBodilessEntity()
    .block();
}
```

客户端服务调用传递的 JSON 字符串就是一个 Mountain 对象的 JSON 串表示。BodyInserters 类的 fromValue()方法用来获取单值数据。BodyInserters 的其他常用方法包括 fromPublisher()、fromResource()、fromFormData()等。使用 body()方法还可以将 Mono 或者 Flux 的流数据作为请求体，并通过第 2 个参数指定流数据的元素类型。

2．将 Java 对象以 JSON 数据形式提交给服务端

（1）控制器的@PostMapping 注解方法。

```
@PostMapping(value = "/addNew", consumes = MediaType.APPLICATION_JSON_VALUE,
        produces = MediaType.APPLICATION_JSON_VALUE)
```

```
public Mono<Mountain> postWithJson(@RequestBody Mountain mountain) {
    return mountainRepository.save(mountain);
}
```

（2）WebClient 访问测试代码。

```
@Test
public void testPostJson() {
    Mountain mountain = new Mountain("三清山","江西");          //构建请求发送对象
    webClient.post()
    .uri("/mountain/addNew")
    .contentType(MediaType.APPLICATION_JSON)                 //JSON 数据格式
    .bodyValue(mountain)                                     //请求体为对象值
    .retrieve()                                              //获取响应体
    .toBodilessEntity()
    .block();
}
```

这里，客户端服务调用传递的是一个 Mountain 对象，会自动进行数据的 JSON 包装处理。bodyValue()方法根据对象值设置请求体，该方法主要用于请求内容为对象值的情形。

16.7　利用响应式编程模拟抢红包应用案例

编写一个模拟抢红包的应用程序，具体要求如下。

（1）红包产生程序负责产生红包，红包产生器产生的红包放入一个队列中。红包的值为 1 分到 10 元之间的一个随机数，普通红包 1 元以下，十分之一概率产生 1～5 元红包，百分之一概率产生 5～10 元红包，红包总值为 5000 元。

（2）发放红包的业务服务程序以及发放红包的路由处理程序实现抢红包过程的服务模拟。客户按十分之一概率中红包，中了红包的客户从队列中取走一个红包。每个参与抢红包的请求，将获取三种响应之一，分别是返回抢到红包的值、“谢谢参与！”、“红包已抢光！”。

（3）利用 WebClient 发送请求来模拟抢红包过程。模拟 50000 个用户参与抢红包。用响应式编程实现该应用的模拟。

1．红包产生程序

按要求的概率分布产生红包，产生的红包放入 queue 队列中。该程序在 Spring Boot 应用启动时将自动执行。循环执行，直到资金用完结束循环。为便于观察，该程序还将产生红包的总数量在后台控制台上输出。

【程序见本章电子文档，文件名为 HongbaoGen.java】

2．发放红包的业务服务程序

服务程序按照十分之一的中奖概率从队列中获取红包，返回中奖情况描述的消息作为

响应体的内容。大部分未中奖用户得到的是以 thanks 为前缀的“谢谢参与！”的信息。

【程序见本章电子文档，文件名为 HongbaoService.java】

3．发放红包的路由处理程序

处理程序将 URL 请求（/rob）转化为对发放红包服务的调用，返回的响应信息是本次 URL 请求访问所获得的红包中奖情况的描述信息。

【程序见本章电子文档，文件名为 HongbaoRouter.java】

4．测试程序

使用 WebClient 发送请求来模拟抢红包过程。模拟 50000 个用户参与抢红包，每隔 1 毫秒发送一个请求。由于中奖者是少数，因此这里仅输出中奖者的消息。要注意的是，这里是同一计算机通过程序循环发送 50000 次请求，并不能完全代表真实场景中来自不同用户的高并发情形。

【程序见本章电子文档，文件名为 HonbaoTest.java】

第 16 章课件

第 16 章习题

第 16 章代码

参 考 文 献

[1] 丁振凡．Spring 与 Spring Boot 实战[M]．北京：中国水利水电出版社，2021．
[2] 丁振凡．Spring 3.x 编程技术与应用[M]．北京：北京邮电大学出版社，2013．
[3] 李西明，陈立为．Spring Boot 3.0 开发实战[M]．北京：清华大学出版社，2023．
[4] 龙中华．Spring Boot 实战派[M]．北京：电子工业出版社，2020．

附录　实验教学参考

实验教学参考

Mysql 安装配置

实验 1

实验 2

实验 3

实验 4

实验 5

实验 6